「d-book」
過渡現象

森澤　一榮　著

[BOOKS | BOARD | MEMBERS | LINK]

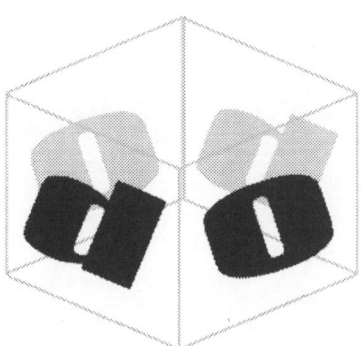

電気工学の知識ベース

http：//euclid.d-book.co.jp/

電気書院

目 次

1 過渡現象の意味 1

2 L-R 直列回路
    2・1 直流電圧印加 2
    2・2 L 中に蓄えられるエネルギー 4
    2・3 電磁エネルギーの放散 4
    2・4 R の増減 5
        (1) 1階線形微分方程式の解法 6
        (2) R の増加 7
        (3) R の減少 7

3 C-R 直列回路
    3・1 コンデンサの直流充電 9
    3・2 C-R 直列回路の放電 11
    3・3 微分回路および積分回路 13
    3・4 交流電圧の印加 14
    3・5 電気振動(その1) 17
        (1) 2階微分方程式の解法(その1) 18
        (2) C の L への放電と電気振動 19

4 R-L-C の直流回路
    4・1 直列 RLC 回路 21
        (1) 2階微分方程式の解法(その2) 21
            (a) 相異なる実根の場合 22
            (b) 等根の場合 22
            (c) 虚根の場合 22
        (1) RLC 直列回路への直流電源の印加 23
            (a) $R^2/4L^2 > 1/LC$ または $R^2 > 4L/C$ の場合 23

  (b) $R^2/4L^2 < 1/LC$ または $R^2 < 4L/C$ の場合 ……………………23

  (c) $R^2/4L^2 = 1/LC$ または $R^2 = 4L/C$ の場合 ……………………24

 4·2 電気振動（その2）……………………………………………………24

 4·3 電気振動（その3）……………………………………………………26

 4·4 衝撃電圧発生器の原理…………………………………………………27

5 R-L-Cの交流回路

 5·1 2階微分方程式の解法…………………………………………………29

  (1) 交流の過渡現象にもっとも応用範囲の広い場合……………………30

  (2) 特別な場合……………………………………………………………30

 5·2 R, L, Cの直列回路に正弦波電圧を印加したときの過渡現象 …………31

6 ラプラス変換概説

 6·1 ラプラス変換とおもな公式……………………………………………37

 6·2 簡単な直流回路の過渡現象への応用…………………………………39

 6·3 初期値をもつ場合の扱い方……………………………………………40

7 進行波概説

 7·1 定義と術語………………………………………………………………42

  (1) 進行波の定義……………………………………………………………42

  (2) 純粋な進行波……………………………………………………………42

  (3) サージおよびインパルス………………………………………………42

 7·2 進行波の速度……………………………………………………………43

 7·3 線路上の電圧分布………………………………………………………44

 7·4 反射波，透過波を求める基本式の誘導………………………………45

 7·5 特別な条件での反射波と透過波………………………………………47

  (1) $Z_1 = Z_2$の場合 …………………………………………………………47

  (2) $Z_2 = 0$の場合 ……………………………………………………………47

  (3) $Z_2 = \infty$ の場合 ……………………………………………………47

7・6 進行波の進行と線路上の分布……………………………………………48

7・7 $Z_1 \neq Z_2$ の場合の入来波と透過波 ………………………………48

問題の答 …………………………………………………………………………50

1　過渡現象の意味

　静止している物体を急に一定速度で移動させようとする場合，その一定速度に達するのにいくらかの時間を要するのは，日常よく経験するところである．自動車，電車，自転車のスタートがそうであろう．このことは物体の慣性によることは力学の教えるところである．

　一方，エネルギーの面からみると物体は移動することによって運動エネルギーを得，車と地面またはレールとの間で摩擦による熱エネルギーの発生と放散がある．つまり，初めの静止での位置のエネルギーからのエネルギーの変化があったことになろう．このエネルギーの変化の過程にいくらかの時間を要することは考えられることである．

　このような現象は電気回路でも異ならない．エネルギーの出入り，変化がある場合には必ず**過渡現象**を生ずる．たとえばインダクタンスLが一定のときLをふくむ回路では電流のステップ状の急変はあり得ず，静電容量Cが一定のときCの存在する回路には電圧の急変は起り得ない．すなわち電気回路はある安定した定常状態から別の定常状態に移る場合，一般的に急変することはできず，いくらかの時間を要する．この期間中の現象を**過渡現象**という．

　なお，LまたはCの一方のみをふくむ回路の過渡現象を**単エネルギー過渡現象**，L, Cが同時に共存するとき**複エネルギー過渡現象**といっている．

2　L-R直列回路

2・1　直流電圧印加

図2・1のような抵抗R〔Ω〕，自己インダクタンスL〔H〕の直列回路に，直流電圧E〔V〕を急に印加したとき，スイッチSを投入した瞬時からt〔秒〕後の電流をi〔A〕とすれば，電圧EはRにおける電圧と，Lにおける反抗起電力で消費されるから，次式が成り立つ．

$$E = Ri + L\frac{di}{dt} \tag{2・1}$$

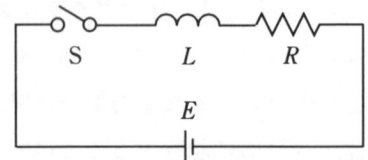

図2・1　L-R直流回路

(2・1) 式を変化すると

$$L\frac{di}{E-Ri} = dt$$

積分すれば

$$-\frac{L}{R}\log_\varepsilon(E-Ri) = t + A$$

ここにAは積分定数である．
さらに式を変化して

$$\log_\varepsilon(E-Ri) = -\frac{R}{L}(t+A)$$

両辺を書き改めればA'を定数として

$$E - Ri = A'\varepsilon^{-\frac{R}{L}t}$$

しかるに$t=0$で，$i=0$であるから$A'=E$

$$\therefore\ i = \frac{E}{R}\left(1 - \varepsilon^{-\frac{R}{L}t}\right) = I\left(1 - \varepsilon^{-\frac{R}{L}t}\right) \tag{2・2}$$

$$I = \frac{E}{R};\ 最終値,\ 定常値$$

2·1 直流電圧印加

定常状態

変化の様子を図2·2に示す．上の式から考えると最終値Iに達するには$t=\infty$であることを要するが，通常の回路では，LがRに比しきわめて大でない限り，微小時間のうちに$-\varepsilon^{-\frac{R}{L}t}$が0に収束するので，**定常状態では，オームの法則はそのまま適用して差しつかえないものである**．

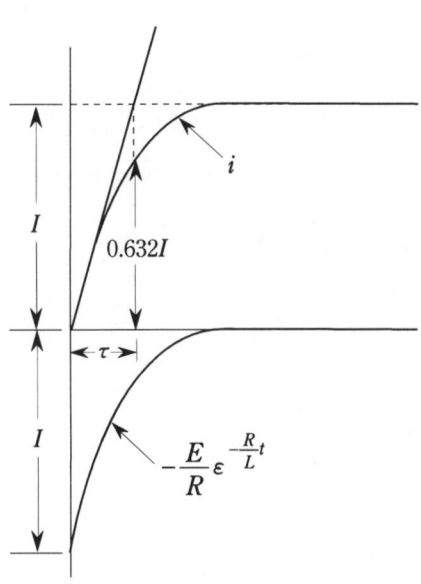

図2·2　L-R回路閉路時の電流変化

過渡現象

また$L=0$ならば，$\varepsilon^{-\frac{R}{L}t}=0$で，**過渡現象を生ずることなく，初めから$I$となる**．

さらに$\dfrac{di}{dt}=\dfrac{E}{L}\varepsilon^{-\frac{L}{R}t}$から，$t=0$とおけば

$$\frac{di}{dt}=\frac{E}{L} \quad \therefore \quad i=\frac{E}{L}t$$

いま，$i=I$とおけば

$$I=\frac{E}{L}t \quad \therefore \quad t=\frac{I\cdot t}{E}=\frac{L}{R}$$

時定数

このtをτとおけば$\tau=L/R$が得られるが，このτを**時定数**(time constant)とよぶ．$t=\tau$という時の電流iは

$$i=I(1-\varepsilon^{-1})=I\left(1-\frac{1}{\varepsilon}\right)=I\left(1-\frac{1}{2.718}\right)$$
$$=I(1-0.367)=0.632I$$

このことから実験的に得られたL-R回路の時定数τを求めるには，電流値がE/Rの63.2％に達するまでの時間を測ればよいことがわかる．

〔問1〕　つぎの□の中に適当な答を記入せよ．

抵抗R，インダクタンスLの直流回路において，スイッチSを閉じ，電圧Eを加えた瞬時からt時間後の電流をiとすると

$$Ri+\boxed{}=E$$

この微分方程式を解くと

$$i=\boxed{}\left(1-\varepsilon^{\boxed{}}\right)$$

となる．ただし ☐ 定数 $T=$ ☐ である．

2·2　L 中に蓄えられるエネルギー

蓄えられる
エネルギー

前節の場合において，$t=0$ から電流が流れ始めて $t=t_1$ に至るまでに L 中に蓄えられるエネルギー（磁界中に蓄えられるエネルギー）を計算してみよう．

$$W_1 = \int_0^{t_1} L\frac{di}{dt} i\, dt = \int_0^{t_1} I^2 R \varepsilon^{-\frac{R}{L}t}\left(1-\varepsilon^{-\frac{R}{L}t}\right)dt \;{}^*$$

$$= I^2 R\left[-\frac{L}{R}\varepsilon^{-\frac{R}{L}t}+\frac{L}{2R}\varepsilon^{-\frac{2R}{L}t}\right]_0^{t_1}$$

$$= \frac{1}{2}LI^2\left(1-\varepsilon^{-\frac{R}{L}t_1}+\varepsilon^{-\frac{2R}{L}t_1}\right)$$

$$= \frac{1}{2}LI^2\left(1-\varepsilon^{-\frac{R}{L}t_1}\right)^2$$

$t=\infty$ までに蓄えられるエネルギーは，$t_1 \to \infty$ とおけば

$$\varepsilon^{-\frac{R}{L}t_1} \to \varepsilon^{-\infty} \to 0$$

$$\therefore\ W_\infty = \frac{1}{2}LI^2$$

このことから，L-R 回路に電圧が加えられても，まず L 中に電磁エネルギーを蓄えなければならないため，定常値に達するまでに，ある時間を要すると理解されよう．

2·3　電磁エネルギーの放散

自己インダクタンス L〔H〕，抵抗 R_2〔Ω〕の巻線に I〔A〕を通じていたとき，急に巻線に供給されていた電圧を切り，同時に R_1〔Ω〕の抵抗を通じて短絡するときに通ずる電流を求めてみよう（図2·3参照）．

切換えた瞬間を $t=0$ とし，t 秒後の電流を i〔A〕とすれば，次式が成立する．

$$L\frac{di}{dt}+(R_1+R_2)i = 0 \tag{2·3}$$

---

*
$$L\frac{di}{dt} = L\frac{d}{dt}\left(I - I\varepsilon^{-\frac{R}{L}t}\right) = L\left[0 - I\left(-\frac{R}{L}\right)\varepsilon^{-\frac{R}{L}t}\right] = RI\varepsilon^{-\frac{R}{L}t}$$

$$\left(L\frac{di}{dt}\right)i = RI\varepsilon^{-\frac{R}{L}t} \times I\left(1-\varepsilon^{-\frac{R}{L}t}\right) = I^2 R\varepsilon^{-\frac{R}{L}t}\left(1-\varepsilon^{-\frac{R}{L}t}\right)$$

$$\therefore \quad -\frac{R_1+R_2}{L}dt = \frac{1}{i}di$$

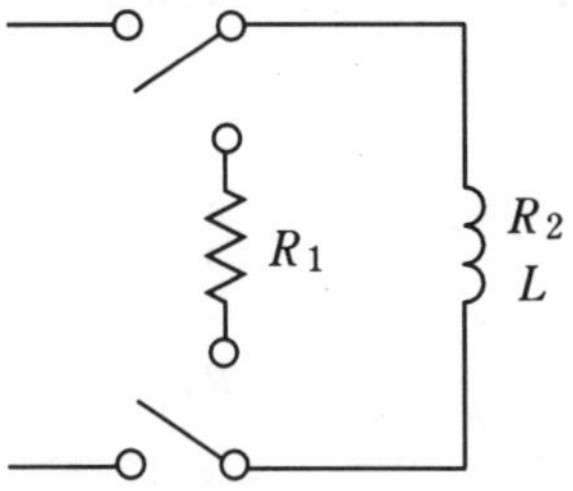

図2・3 Lの短絡

積分すれば

$$-\frac{R_1+R_2}{L}t + \log_\varepsilon K = \log_\varepsilon i$$

$$-\frac{R_1+R_2}{L}t = \log\frac{i}{K}$$

$$\therefore \quad \varepsilon^{-\frac{R_1+R_2}{L}t} = \frac{i}{K}$$

初期条件 **初期条件** $t=0$ で $i=I$ を考慮すると

$$\varepsilon^0 = 1 = \frac{I}{K} \quad \therefore \quad K = I$$

$$\therefore \quad i = I\varepsilon^{-\frac{R_1+R_2}{L}t}$$

もし $t = L/(R_1+R_2) = \tau$（時定数）のときは

$$\frac{i}{I} = \varepsilon^{-1} = \frac{1}{\varepsilon} = \frac{1}{2.718} = 0.367$$

放散される エネルギー

つぎに電流 i が0になるまでに抵抗 (R_1+R_2) 中で熱となって**放散されるエネルギー** W は

$$W = \int_0^\infty (R_1+R_2)i^2 dt = (R_1+R_2)I^2 \int_0^\infty \varepsilon^{-\frac{2(R_1+R_2)}{L}t} dt$$

$$= \frac{1}{2}LI^2 \; [\text{J}]$$

すなわち，切換前に蓄えられていた電磁エネルギーに等しい．

2・4　R の増減

定常電流

図2・4の回路でスイッチSをonしてから十分に時間が経過した後に，Sをoffする場合の電流の変化を求めてみよう．このときSのon, off状態における**定常電流** I_1, I_2 は，直ちに

（on時）　$I_1 = \dfrac{E}{R_1}$

$$(\text{off時}) \quad I_2 = \frac{E}{R_1+R_2}$$

とおける．I_1より過渡電流iをへてI_2に至る変化を求めるのがここでの課題で，つぎの方程式が成り立つ．

$$L\frac{di}{dt}+(R_1+R_2)i = E \tag{2・4}$$

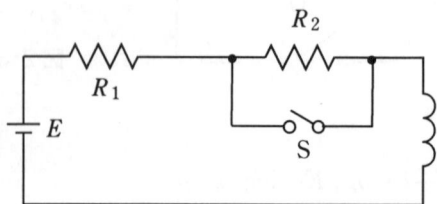

図2・4　Rの増減

過渡電流　　また，前記とは逆にSを初めoffしておき，急にonするときの**過渡電流**をi'とすれば次式が得られる．

$$L\frac{di'}{dt}+R_1 i' = E \tag{2・5}$$

これら，(2・4)(2・5)式および2章の(2・1)式を改めて調べると，同じ形式となっており，さらに(2・3)式を見ると$E=0$とした条件の場合である．すなわち，ここで扱っているような回路では，このような形の式が成立つと考えられるので，ここで一般的な解法について調べておこう．

(1) 1階線形微分方程式の解法　　つぎの方程式

$$\frac{dy}{dx}+Py = Q \tag{2・6}$$

において，PとQがxの関数である場合（したがって定数でもよい），上記のようにdy/dxなる微係数とyとが1次的に含まれている微分方程式を**1階線形微分方程式**という．

まず$Q=0$の特別な場合を考えると

$$\frac{dy}{dx}+Py = 0 \tag{2・7}$$

$$\therefore \frac{dy}{y} = -Pdx$$

これを積分すると，積分定数をC_1として

$$y = C_1 \varepsilon^{-\int Pdx}$$

つぎに(2・6)式で$y=uv$とおけば

$$\left(\frac{du}{dx}v+\frac{dv}{dx}u\right)+Puv = Q$$

$$\therefore \left(\frac{du}{dx}+Pu\right)v + u\frac{dv}{dx} = Q$$

ここでu, vを

$$\frac{du}{dx}+Pu=0 \quad および \quad u\frac{dv}{dx}=Q$$

となるように定める．

前者からは

$$u=C_1\varepsilon^{-\int Pdx}$$

これを後者に代入すると

$$C_1\varepsilon^{-\int Pdx}\frac{dv}{dx}=Q$$

$$\therefore \quad v=\frac{1}{C_1}\int Q\varepsilon^{\int Pdx}dx+C_2 \quad (C_2;積分定数)$$

よって $y=uv$ から

$$y=\varepsilon^{-\int Pdx}\left\{\int Q\varepsilon^{\int Pdx}dx+C\right\} \tag{2・8}$$

C は，C_1，C_2 に等しく一つの積分定数で，(2・8)式が(2・6)式の解である．

(2) R の増加

(2・4)式にもどって，変換すると

$$\frac{di}{dt}+\frac{R_1+R_2}{L}i=\frac{E}{L} \tag{2・9}$$

この方程式の一般解は (2・6)(2・8) 式から

$$i=A\varepsilon^{-\frac{R_1+R_2}{L}t}+\frac{E}{R_1+R_2} \quad (A;積分定数)$$

$t=0$ のとき $i=E/R_1=I_1$ であるから

$$\frac{E}{R_1}=A+\frac{E}{R_1+R_2}$$

$$\therefore \quad A=\frac{E}{R_1}-\frac{E}{R_1+R_2}=I_1-I_2$$

$$\therefore \quad i=(I_1-I_2)\varepsilon^{-\frac{R_1+R_2}{L}t}+I_2$$

これが求める解である．図で示すと図2・5のようになる．

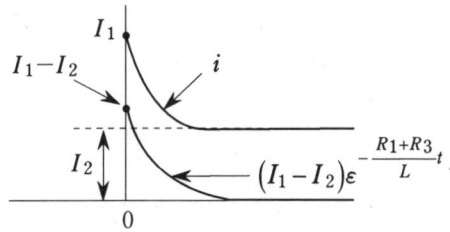

図2・5　R 増加時の電流変化

(3) R の減少

$I_1'=E/(R_1+R_2)$ から $I_2'=E/R_1$ に達するときの過渡電流 i' を求めると，(2・5)式の

一般解

$$i' = K\varepsilon^{-\frac{R_1}{L}t} + \frac{E}{R_1} \quad (K;積分定数)$$

から,$t=0$のとき $I_1' = E/(R_1+R_2)$ とおけば

$$\frac{E}{R_1+R_2} = K + \frac{E}{R_1}$$

$$\therefore \quad K = \frac{E}{R_1+R_2} - \frac{E}{R_1} = I_1' - I_2'$$

$$\therefore \quad i' = \left(I_1' - I_2'\right)\varepsilon^{-\frac{R_1}{L}t} + I_2'$$

$$= I_2' - \left(I_2' - I_1'\right)\varepsilon^{-\frac{R_1}{L}t}$$

これが求める解で,変化の様子は図2・6のようである.

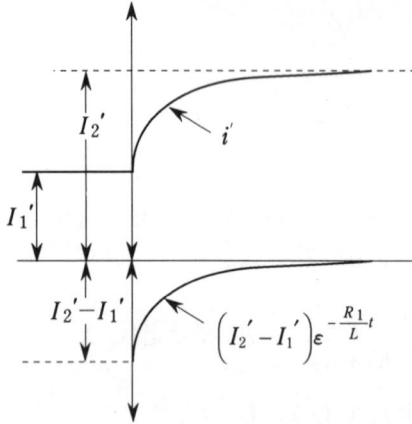

図2・6　R減少時の電流変化

3　C-R直列回路

3・1　コンデンサの直流充電

図3・1のように抵抗Rおよび静電容量Cのコンデンサの直列回路に直流電圧Eを加えたとき，流れる電流iおよびコンデンサの電荷qと時間tとの関係を求めてみよう．

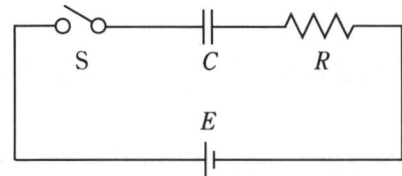

図3・1　C-R直列回路

回路を閉じた瞬間を$t=0$とし，このとき$q=0$とする．回路中の電圧は，加えた電圧Eとコンデンサが充電するために反抗電圧$(-q/C)$が作用するから，**キルヒホッフの法則**から

$$E - \frac{q}{C} = Ri$$

またiは(dq/dt)で与えられるから，前式を変換すると

$$R\frac{dq}{dt} + \frac{q}{C} = E$$

$$\frac{dq}{dt} + \frac{q}{CR} = \frac{E}{R}$$

これを$(2\cdot8)$式の一般解により解けば

$$\varepsilon^{\int Pdx} = \varepsilon^{\frac{1}{CR}t}, \quad \varepsilon^{-\int Pdx} = \varepsilon^{-\frac{1}{CR}t}$$

$$\int Pdx = \frac{1}{CR}t$$

$$\therefore \int Q\varepsilon^{\int Pdx}dx = \int \frac{E}{R}\varepsilon^{\frac{1}{CR}t}dt = \frac{E}{R}\int \varepsilon^{\frac{1}{CR}t}\frac{d\left(\frac{1}{CR}t\right)}{\left(\frac{1}{CR}\right)}$$

$$= \frac{E}{R}CR\varepsilon^{\frac{1}{CR}t} = CE\varepsilon^{\frac{1}{CR}t}$$

よって$(2\cdot8)$式により

キルヒホッフの法則

$$q = \varepsilon^{-\frac{1}{CR}t}\left[CE\varepsilon^{\frac{1}{CR}t} + K \right] \quad (K;\text{積分定数})$$

$$= CE + K\varepsilon^{-\frac{1}{CR}t}$$

初期条件　そこで K を定めるため初期条件を入れると

$$0 = CE + K\varepsilon^0 = CE + K$$

$$\therefore K = -CE$$

$$\therefore q = CE - CE\varepsilon^{-\frac{1}{CR}t} = CE\left(1 - \varepsilon^{-\frac{1}{CR}t}\right)$$

したがって電流 i は

$$i = \frac{dq}{dt} = -CE \times \frac{1}{CR}\varepsilon^{-\frac{1}{CR}t} = \frac{E}{R}\varepsilon^{-\frac{1}{CR}t}$$

時定数　ここに CR は2章で調べた (L/R) と同様の定数で，やはり**時定数**とよぶ．

〔例 1〕　コンデンサの直流充電において抵抗中で消費されるエネルギーを算出せよ．

消費される
エネルギー

前項での記号をそのまま借りると，抵抗 R 中で**消費されるエネルギー** W_r は

$$W_r = \int_0^\infty Ri^2 dt = \int_0^\infty R\left(\frac{E}{R}\right)^2 \varepsilon^{-\frac{2}{CR}t} dt$$

$$= -\frac{E^2}{R} \times \frac{CR}{2}\left[\varepsilon^{-\frac{2}{CR}t}\right]_0^\infty = -\frac{1}{2}CE^2\left(\varepsilon^{-\infty} - \varepsilon^0\right)$$

$$= \frac{1}{2}CE^2$$

静電エネルギー　しかるに，最終的にコンデンサ C に蓄えられる**静電エネルギー** W_C は

$$W_C = \frac{1}{2}CE^2$$

であるから，抵抗 R 中で消費されるエネルギーは，抵抗 R の値に無関係であって，最終的にコンデンサに蓄えられる静電エネルギーに等しいことがわかる．

〔例 2〕　図3·2のような回路で電池を流れる電流がスイッチ S の投入瞬時から引続き一定であるためには，各定数間にどんな関係があればよいか．ただし電池の起電力 E は一定とし内部抵抗は無視するものとする．

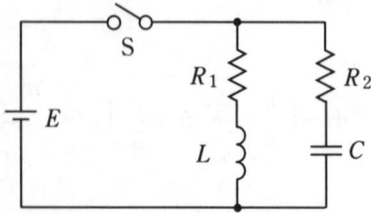

図 3·2

〔答〕　R_1, L 回路の電流 i_1 は，時間を t とすると

$$i_1 = \frac{E}{R_1}\left(1 - \varepsilon^{-\frac{R_1}{L}t}\right)$$

R_2, C回路の電流i_2は

$$i_2 = \frac{E}{R_2}\varepsilon^{-\frac{1}{CR_2}t}$$

電池の電流iは

$$i = i_1 + i_2 = \frac{E}{R_1} + E\left(\frac{E}{R_2}\varepsilon^{-\frac{1}{CR_2}t} - \frac{1}{R_1}\varepsilon^{-\frac{R_1}{L}t}\right)$$

iがtに無関係であるためには，(　)内が0でなければならない．

$$\therefore \quad \frac{1}{R_2}\varepsilon^{-\frac{1}{CR_2}t} = \frac{1}{R_1}\varepsilon^{-\frac{R_1}{L}t}$$

$t=0$でも成立たなければならないことから

$$R_2 = R_1 (=R)$$

$$\varepsilon^{-\frac{1}{CR_2}t} = \varepsilon^{-\frac{R_1}{L}t} \quad \therefore \quad \frac{1}{CR_2} = \frac{R_1}{L}$$

$$\therefore \quad R_1 = R_2 = R = \sqrt{\frac{L}{C}}$$

〔問2〕　つぎの□の中に適当な答を記入せよ．

抵抗Rと静電容量Cのコンデンサとを直列に接続した回路に直流電圧Eを加えると，回路には次式で表される過渡電流iが流れる．

$$i = I\boxed{}$$

ここにIは□，tは回路に電圧を加えた瞬間からの時間である．この場合，tにおけるRの電力はRI^2□であり，$T=0$から∞までにRで失われるエネルギーW_Rは□E^2である．また$t=\infty$においてコンデンサに蓄積されるエネルギーをW_Cとすると$W_R/W_C=$□である．

3・2　C-R直列回路の放電

静電容量C〔F〕のコンデンサをE〔V〕に充電した後，抵抗rを通じて放電するとしよう．放電開始後，時間tにおけるコンデンサの電圧をv_c〔V〕，電荷をq〔C〕，電流をi〔A〕とすれば

$$v_c = Ri$$

$$i = -\frac{dq}{dt} = -C\frac{dv_c}{dt}$$

$$\therefore \quad CR\frac{dv_c}{dt} + v_c = 0 \quad \text{さらに} \quad \frac{dv_c}{dt} + \frac{v_c}{CR} = 0$$

一般解　この式は一般形の(2・7)式の形であるから，**一般解**を求めると

3 C-R直列回路

$$v_c = A\varepsilon^{-\frac{1}{CR}t} \quad (A;積分定数)$$

初期条件 初期条件,$t=0$で$v_c=E$を入れると$A=E$

$$\therefore \quad v_c = E\varepsilon^{-\frac{1}{CR}t}$$

$$\therefore \quad i = -\frac{dq}{dt} = -C\frac{dv_c}{dt} = \frac{E}{R}\varepsilon^{-\frac{1}{CR}t}$$

さらに $q = Cv_c = CE\varepsilon^{-\frac{1}{CR}t}$

いま$CR=\tau$(時定数)とすれば

$$v_c = E\varepsilon^{-\frac{t}{\tau}}, \quad i = \frac{E}{r}\varepsilon^{-\frac{t}{\tau}}, \quad q = CE\varepsilon^{-\frac{t}{\tau}}$$

このうち電流iの変化について,τをパラメータとして示したのが図3・3である.

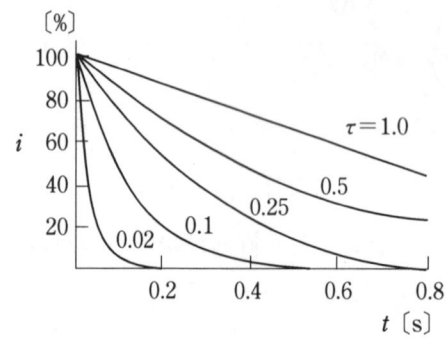

図3・3 C-R直列回路の電流変化

〔例3〕 容量5〔μF〕のコンデンサを1 000〔V〕に充電し,これを10^6〔Ω〕の抵抗を通じて放電した場合,コンデンサの電圧が$1/\varepsilon$になる時間を求めよ.ただし,εは自然対数の底を表す.

〔解答〕 3・2での記号をそのまま使用すると
$$E = 1\,000, \quad CR = \tau = 10^6 \times 5 \times 10^{-6} = 5$$

求める時間をtとし,題意により$1\,000/\varepsilon$とすると

$$\frac{1\,000}{\varepsilon} = 1\,000\varepsilon^{-\frac{t}{5}}$$

$$\therefore \quad \varepsilon^{-1} = \varepsilon^{-\frac{t}{5}}$$

$$\therefore \quad t = 5 \text{〔秒〕}$$

〔問3〕 あるコンデンサをE_0〔V〕の電圧で充電し,つぎにt〔秒〕間,R〔Ω〕の高抵抗を通じて電荷の一部を放電したところ,コンデンサの電圧はE_1〔V〕に減じた.コンデンサの容量を算出せよ.

〔問4〕 間隔の小さい平行板コンデンサの両電極板の間が誘電率ε,導電率σの等方等質な媒体で満たされている.いま,両電極板間に電圧E_0が加えられ,定常状態

に達しているものとする．加えていた電圧を切ってから，電圧が$E(<E_0)$に下がるまでの時間を求めよ．

　　注　このコンデンサの等価回路は，静電容量Cと抵抗rの並列回路と考えよ．したがって，電圧を切ってからは，$C-r$の直列回路であることに注目すること．

3・3　微分回路および積分回路

微分回路
積分回路

　出力電圧波形が入力電圧を微分した形になる回路のことを**微分回路**といい，積分した形になる回路のことを**積分回路**という．図3・4，図3・5に代表的な回路を示す．図3・4で$e_2 \ll e_1$という条件が成り立つと

$$e_2 = Ri = RC\frac{de_c}{dt} \simeq RC\frac{de_1}{dt}$$

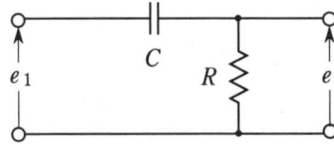
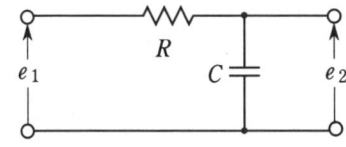

　　図3・4　微分回路　　　　　図3・5　積分回路

図3・5で，この場合も$e_2 \ll e_1$という条件が成り立つとすればつぎの結果が得られる．

$$e_2 = \frac{1}{C}\int i dt \simeq \frac{1}{CR}\int e_1 dt$$

つまり厳密な意味で微分回路，積分回路というのではなく，近似的に成り立つ回路であることに注意されたい．

方形波入力
微分回路の
　出力電圧

　つぎにこれらの回路の応答を**方形波入力**について考えてみよう．図3・6(a)の方形波入力電圧が時間t_1で0からEに変わったとすると，**微分回路の出力電圧**はこの変化を微分した形であるから数学的には$+\infty$である．また，時間t_2でEから0にもどるときの出力波形は$-\infty$である．図(b)参照．しかし，実際には有限の値をとり，だいたい図(c)のような波形となる．

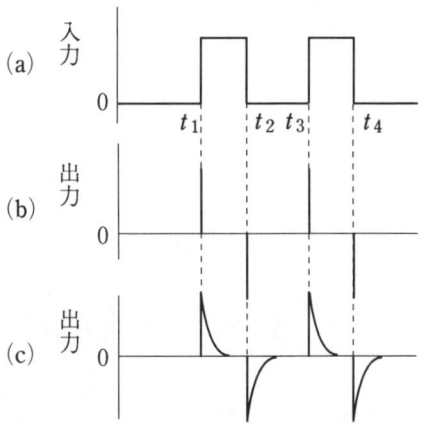

図3・6

方形波が積分回路を通る場合には図3・7(a)の入力に対し図(b)は理想波形で，実際には図(c)のような波形を示す．

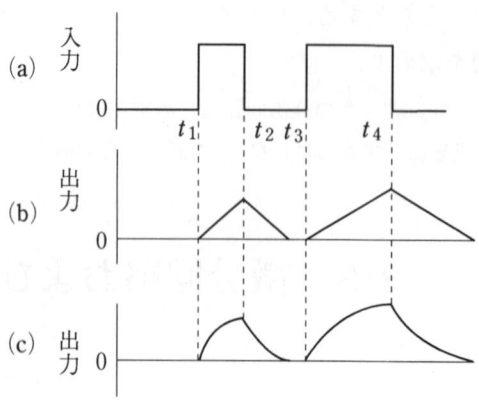

図3・7

これらの事情はたとえば図3・1のような$C-R$直列回路で，スイッチSを閉じたときと開くときの状態を考えれば理解されるであろう．

スイッチを閉じたとき，Rの分担電圧v_R，Cの分担電圧v_Cは

$$v_R = E\varepsilon^{-\frac{1}{CR}t}$$

$$v_C = E\left(1 - \varepsilon^{-\frac{1}{CR}t}\right)$$

微分波形
積分波形

したがって，v_Rが微分波形に近づくためには，時定数$CR = \tau$は小さいほどよく，v_Cが積分波形に近づくためにはτは大きいほどよい．

〔問5〕 図3・8(a), (b)に示す端子間に抵抗R，またはコンデンサCを接続し，図(a)の微分回路および図(b)の積分回路を完成せよ．また図(a)の回路に図(a′)，図(b)の回路に図(b′)のような長方形パルスの入力電圧e_{in}がそれぞれ与えられたとき，e_{in}に対する出力電圧e_{out}の波形をそれぞれ図(a″)および図(b″)に記入せよ．

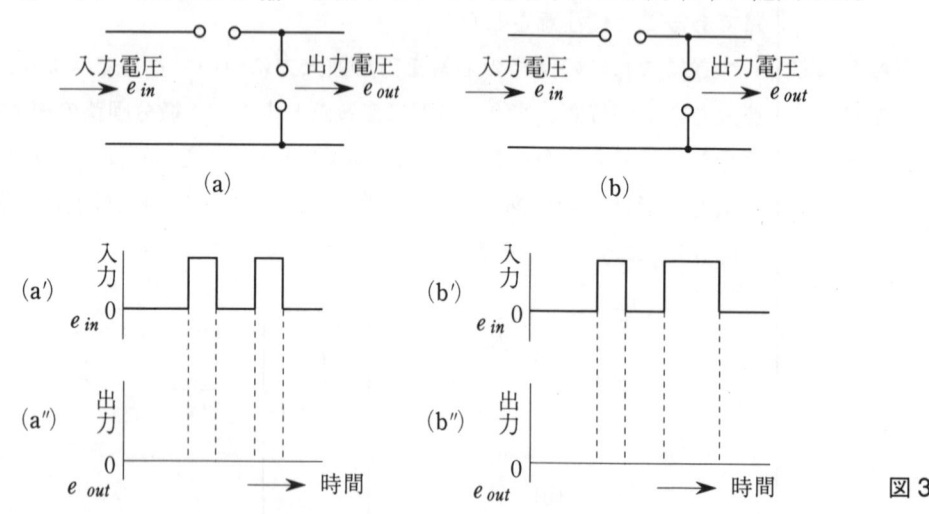

図3・8

3・4 交流電圧の印加

抵抗rと静電容量Cのコンデンサの直列回路に$E_m \sin \omega t$（E_m, ω一定）なる交番電圧を加えたときの，(イ)電荷qと時間t，(ロ)電流iとtとの間の関係を調べてみよう．

3·4 交流電圧の印加

回路方程式 回路を閉じ r と C に電圧を加えた瞬間を $t=0$ とし，その後 t〔秒〕をへたとき，回路に成立する方程式は

$$E_m \sin \omega t - \frac{q}{C} = ri$$

i は (dq/dt) で与えられるから，これを代入し式を変化すると

$$\frac{dq}{dt} + \frac{q}{Cr} = \frac{E_m}{r} \sin \omega t$$

一般式 (2·6) 式の解 (2·8) 式から

$$\int P\,dx = \int \frac{1}{Cr} t\,dt = \frac{1}{Cr} t$$

$$\int Q \varepsilon^{\int P dx} dx = \int \frac{E_m}{r} \sin \omega t \cdot \varepsilon^{\frac{1}{Cr}t} dt$$

$$= \frac{E_m}{r} \int \sin \omega t \cdot \varepsilon^{\frac{1}{Cr}t} dt$$

いま $u = \sin \omega t,\quad dv = \varepsilon^{\frac{1}{Cr}t} dt$ とすれば

$$du = \omega \cos \omega t\,dt \qquad v = \varepsilon^{\frac{1}{Cr}t} Cr$$

$$\therefore \int u\,dv = Cr \cdot \varepsilon^{\frac{1}{Cr}t} \sin \omega t - \int Cr \varepsilon^{\frac{1}{Cr}t} \cdot \omega \cos \omega t\,dt$$

$$= Cr \sin \omega t \cdot \varepsilon^{\frac{1}{Cr}t} - \omega Cr \int \varepsilon^{\frac{1}{Cr}t} \cos \omega t\,dt$$

$$= Cr \sin \omega t \cdot \varepsilon^{\frac{1}{Cr}t} - \omega Cr \left\{ Cr \varepsilon^{\frac{1}{Cr}t} \cos \omega t - \left(-\int \varepsilon^{\frac{1}{Cr}t} \omega \sin \omega t \cdot Cr\,dt \right) \right\}$$

$$= Cr \varepsilon^{\frac{1}{Cr}t} \sin \omega t - \omega (Cr)^2 \varepsilon^{\frac{1}{Cr}t} \cos \omega t - (\omega Cr)^2 \int \varepsilon^{\frac{1}{Cr}t} \sin \omega t\,dt$$

$$\therefore \int u\,dv = \int \sin \omega t \cdot \varepsilon^{\frac{1}{Cr}t} dt$$

$$= \frac{1}{1+(\omega Cr)^2} \left\{ Cr \varepsilon^{\frac{1}{Cr}t} \sin \omega t - \omega (Cr)^2 \varepsilon^{\frac{1}{Cr}t} \cos \omega t \right\}$$

$$= \frac{Cr \varepsilon^{\frac{1}{Cr}t}}{1+(\omega Cr)^2} (\sin \omega t - \omega Cr \cos \omega t)$$

$$\therefore \int Q \varepsilon^{\int P dx} dx = \frac{E_m C \varepsilon^{\frac{1}{Cr}t}}{1+(\omega Cr)^2} (\sin \omega t - \omega Cr \cos \omega t)$$

したがって，q は (2·8) 式から

$$q = \varepsilon^{-\frac{1}{Cr}t} \left\{ \frac{E_m C \varepsilon^{\frac{1}{Cr}t}}{1+(\omega Cr)^2} (\sin \omega t - \omega Cr \cos \omega t) + K \right\}$$

3 C-R直列回路

$$= \frac{E_m C}{1+(\omega Cr)^2}\left\{(\sin\omega t - \omega Cr\cos\omega t) + K\varepsilon^{-\frac{1}{Cr}t}\right\}$$

ここに K は積分定数で，この値を定めるため，$t=0$ にて $q=0$ とすると

$$0 = \frac{-E_m \omega C^2 r}{1+(\omega Cr)^2} + K$$

$$\therefore\ K = \frac{E_m \omega C^2 r}{1+(\omega Cr)^2}$$

$$q = \frac{E_m C}{1+(\omega Cr)^2}\left\{(\sin\omega t - \omega Cr\cos\omega t) + \omega Cr\varepsilon^{-\frac{1}{Cr}t}\right\}$$

$$= \frac{E_m}{\dfrac{\{1+(\omega Cr)^2\}}{\omega C}\cdot\omega C}\left\{(\sin\omega t - \omega Cr\cos\omega t) + \omega Cr\varepsilon^{-\frac{1}{Cr}t}\right\}$$

$$= \frac{E_m}{\omega\sqrt{r^2+\left(\dfrac{1}{\omega C}\right)^2}}\left\{\frac{\sin\omega t}{\omega C\sqrt{r^2+\left(\dfrac{1}{\omega C}\right)^2}} - \frac{r\cos\omega t}{\sqrt{r^2+\left(\dfrac{1}{\omega C}\right)^2}} + \frac{r\varepsilon^{-\frac{1}{Cr}t}}{\sqrt{r^2+\left(\dfrac{1}{\omega C}\right)^2}}\right\}$$

そこで，

$$\frac{r}{\sqrt{r^2+\left(\dfrac{1}{\omega C}\right)^2}} = \sin\theta\ ,\ \ \frac{\dfrac{1}{\omega C}}{\sqrt{r^2+\left(\dfrac{1}{\omega C}\right)^2}} = \cos\theta$$

$$\theta = \tan^{-1}(1/\omega C)/r = \tan^{-1}(1/\omega Cr)$$

とおけば

$$q = \frac{E_m}{\omega\sqrt{r^2+\left(\dfrac{1}{\omega C}\right)^2}}\left\{\cos(\omega t+\theta) + \frac{r}{\sqrt{r^2+\left(\dfrac{1}{\omega C}\right)^2}}\varepsilon^{-\frac{1}{Cr}t}\right\}$$

$$\therefore\ i = \frac{E_m}{\sqrt{r^2+\left(\dfrac{1}{\omega C}\right)^2}}\left\{\sin(\omega t+\theta) - \frac{\varepsilon^{-\frac{1}{Cr}t}}{C\sqrt{r^2+\left(\dfrac{1}{\omega C}\right)^2}}\right\}$$

すなわち，この形は，定常電流に過渡項としての直流分がのった形で，図示すると図3·9のようになる．

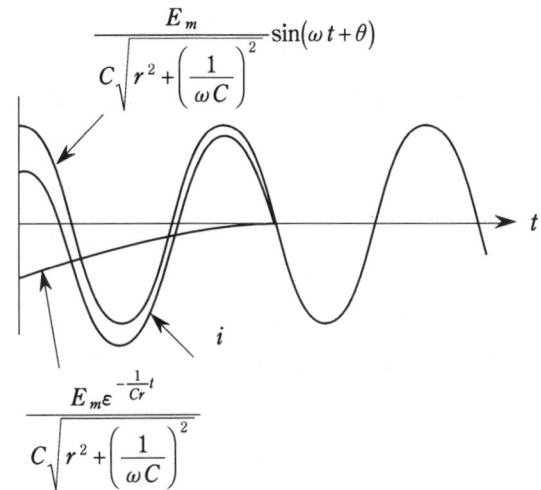

図3・9 交流回路の過渡現象

3・5 電気振動（その1）

静電容量Cのコンデンサが電荷Qを有していたが，これをインダクタンスがLで，抵抗がきわめて小さいコイルに接続した場合の電流を求めてみよう（図3・10参照）．

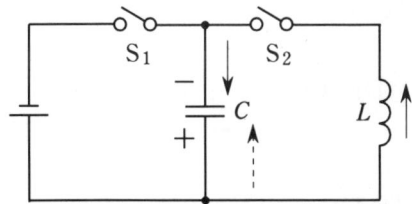

図3・10 CのLへの放電

いま抵抗は無視し，回路を閉じた瞬時を$t=0$とし，t〔秒〕後の電流をiとすると，そのときの極板上の電荷をqとすれば次式が成立する．

$$\frac{q}{C}-L\frac{di}{dt}=0, \quad \therefore \quad \frac{q}{C}=L\frac{di}{dt}$$

しかるに $i=-\dfrac{dq}{dt}, \quad \dfrac{di}{dt}=-\dfrac{d^2q}{dt^2}$

ここで，$i=-dq/dt$としたのは，図3・10でまずS_1のみを閉じCを充電したときの電流の向きと，S_2のみを閉じ放電させたときの電流の向きは，実線矢印，点線矢印で示したように明らかに反対である．したがって前者の場合を正とすれば，後者の場合は負であるから－を付したのである．したがって

$$\therefore \quad L\frac{d^2q}{dt^2}=-\frac{q}{C}, \quad \frac{d^2q}{dt^2}=-\frac{q}{LC}$$

LおよびCは正であるから$(1/LC)$も正で，$1/LC=\omega$とおけば，つぎの形となる．

$$\frac{d^2q}{dt^2}=-\omega^2 q \tag{3・1}$$

この方程式は2階の微分方程式であるから，これを解くために必要な2階の微分方

程式の解法について調べておこう．

2階微分方程式

(1) 2階微分方程式の解法（その1）

（イ）簡単に積分できる場合

$$\frac{d^2y}{dx^2}=f(x)$$

$$y=\int\left\{\int f(x)dx+C_1\right\}dx+C_2 \tag{3・2}$$

（ロ）$\dfrac{d^2y}{dx^2}=f(y)$ なる場合

両辺に $2(dy/dx)$ を乗ずると

$$2\frac{dy}{dx}\cdot\frac{d^2y}{dx^2}=2f(y)\frac{dy}{dx}$$

しかるに $\dfrac{d}{dx}\left(\dfrac{dy}{dx}\right)^2=2\dfrac{dy}{dx}\cdot\dfrac{d^2y}{dx^2}$ であるから

$$\frac{d}{dx}\left(\frac{dy}{dx}\right)^2=2f(y)\frac{dy}{dx}$$

dx を乗じて積分すれば

$$\left(\frac{dy}{dx}\right)^2=\int 2f(y)dy+C_1$$

$$\frac{dy}{dx}=\sqrt{\int 2f(y)dy+C_1}=F(y)$$

$$\therefore\ \frac{dy}{F(y)}=dx$$

$$\therefore\ x=\int\frac{dy}{F(y)}+C_2 \tag{3・3}$$

（ハ）$\dfrac{d^2y}{dx^2}=-K^2y$ なる場合

両辺に $2(dy/dx)$ を乗ずると

$$2\frac{dy}{dx}\cdot\frac{d^2y}{dx^2}=\frac{d}{dx}\left(\frac{dy}{dx}\right)^2=-2K^2y\frac{dy}{dx}$$

$$\left(\frac{dy}{dx}\right)^2=\int -2K^2ydy+C_1$$

$$=-2K^2\frac{y^2}{2}+C_1=-K^2y^2+C_1$$

$$=K^2\left(\frac{C_1}{K^2}-y^2\right)$$

3·5 電気振動（その1）

いま $C_1/K^2 = a^2$ とおけば

$$\left(\frac{dy}{dx}\right)^2 = K^2(a^2 - y^2)$$

$$\frac{dy}{dx} = K\sqrt{(a^2 - y^2)}$$

$$\frac{dy}{\sqrt{(a^2 - y^2)}} = Kdx$$

$$\therefore \int \frac{dy}{\sqrt{(a^2 - y^2)}} = K\int dx + C_1$$

積分公式により

$$\sin^{-1}\frac{1}{a}y = Kx + C_1$$

$$\therefore \frac{1}{a}y = \sin(Kx + C_1)$$

$$\therefore y = a\sin(Kx + C_1) \tag{3·4}$$

電気振動

(2) CのLへの放電と電気振動

(3·1)式にもどると，この解は(3·4)式で求められるから

$$q = a\sin(\omega t + \theta)$$

$t = 0$ にて $q = Q$ であるから，これを代入すると

$$Q = a\sin\theta$$

電流 $\quad i = -\dfrac{dq}{dt} = -\omega a\cos(\omega t + \theta)$

ここで $t = 0$ にて $i = 0$ を代入すると

$$0 = -\omega a\cos\theta$$

a も ω も 0 ではないから $\cos\theta = 0$ でなければならず

$$\therefore \theta = \frac{\pi}{2}$$

したがって

$$Q = a\sin\frac{\pi}{2} = a$$

$$\therefore q = Q\sin\left(\omega t + \frac{\pi}{2}\right)$$

$$\therefore i = -\omega Q\cos(\omega t + \theta) = \frac{Q}{\sqrt{LC}}\cos\left(\frac{t}{\sqrt{LC}} + \frac{\pi}{2}\right)$$

$$= \frac{Q}{\sqrt{LC}}\sin\left(\frac{t}{\sqrt{LC}}\right)$$

正弦波交流 | すなわち**正弦波交流**となり，このときの電気的角速度ωは

$$\omega = \frac{1}{\sqrt{LC}} = 2\pi f \quad (f; 周波数)$$

なお，実際には，回路中の抵抗によるエネルギー損失のため振動は減衰し，いわゆる減衰振動波形となる．

4 R-L-Cの直流回路

4・1 直列RLC回路

直列RLC回路

抵抗R，インダクタンスL，静電容量Cの直列回路へ，$t=0$で直流電圧Eを加えたときの電流の変化を求めてみよう．ただしコンデンサには初め電荷はないものとする．

時間tにおける電流をiとすれば

$$Ri + L\frac{di}{dt} + \frac{1}{C}\int i dt = E$$

微分すれば

$$L\frac{d^2i}{dt^2} + R\frac{di}{dt} + \frac{1}{C}i = 0 \tag{4・1}$$

これは2階の微分方程式であるので，その解き方から調べよう．

(1) 2階微分方程式の解法（その2）

(4・1)式を一般化して示すとつぎのようである．

$$\frac{d^2y}{dx^2} + P\frac{dy}{dx} + Qy = 0 \tag{4・2}$$

2階線形微分方程式

なおPとQは定数である場合，すなわち**定数を係数とする2階線形微分方程式**で，**右辺が0である特別な場合**として解き方を示すこととする．

まず(4・2)式を解くためつぎのように置いてみる．

$$y = C\varepsilon^{mx} \quad (C；定数，m；係数) \tag{4・3}$$

$$\therefore \frac{dy}{dx} = Cm\varepsilon^{mx} \quad \frac{d^2y}{dx^2} = Cm^2\varepsilon^{mx}$$

すると(4・2)式は

$$Cm^2\varepsilon^{mx} + PCm\varepsilon^{mx} + QC\varepsilon^{mx} = 0$$

$$\therefore m^2 + Pm + Q = 0 \tag{4・4}$$

したがって，(4・4)式のmに関する2次方程式を解き，その根を(4・3)式中に入れれば，(4・3)式は(4・2)式を満足するはずである．

補助方程式

(4・4)式は**補助方程式**といわれる．そこで，まず(4・4)式を解いてmを求めるのであるが，2次方程式の解は，(イ)相異なる実根，(ロ)等根，(ハ)虚根，の三つに分けら

4 R-L-Cの直流回路

れるので，以下それぞれに分けて解き方を示すこととする．

相異なる実根

(a) 相異なる実根の場合 $(P^2>4Q)$

$$m^2+Pm+Q=0$$

$$m=\frac{-P\pm\sqrt{P^2-4Q}}{2}$$

$P^2>4Q$ なる場合であるから，相異なる実根をそれぞれ m_1, m_2 とすれば

$$m_1=\frac{-P+\sqrt{P^2-4Q}}{2}, \quad m_2=\frac{-P-\sqrt{P^2-4Q}}{2}$$

この場合には，添字1, 2で区別して

$$y_1=C_1\varepsilon^{m_1 x}, \quad y_2=C_2\varepsilon^{m_2 x}$$

ともに(4・2)式を満足するから

$$y=y_1+y_2$$
$$=C_1\varepsilon^{m_1 x}+C_2\varepsilon^{m_2 x} \tag{4・5}$$

が求める解である．

等根

(b) 等根の場合 $(P^2=4Q)$　$P^2=4Q$ とすれば

$$m_1=\frac{-P}{2}$$

したがって，前の方法では $y_1=C_1\varepsilon^{m_1 x}$ となり定数が一つしか入らないことになる．しかし2階の微分方程式の解には定数が二つ含まれなければならない．ところでこの場合に限って

$$y_2=Cx\varepsilon^{m_1 x}$$

なる値をとると(4・2)式を満足する．つぎにこれを証明しよう．

まず $y_2=Cx\varepsilon^{m_1 x}$ を微分すると

$$\frac{dy_2}{dx}=C\left(\varepsilon^{m_1 x}+m_1 x\varepsilon^{m_1 x}\right)$$

$$\therefore \frac{d^2 y_2}{dx^2}=C\left(m_1\varepsilon^{m_1 x}+m_1\varepsilon^{m_1 x}+m_1^2 x\varepsilon^{m_1 x}\right)$$

これを(4・2)式に代入すると

$$C\{(2m_1\varepsilon^{m_1 x}+m_1^2 x\varepsilon^{m_1 x})+P(\varepsilon^{m_1 x}+m_1 x\varepsilon^{m_1 x})+Qx\varepsilon^{m_1 x}\}$$
$$=C\varepsilon^{m_1 x}\{(2m_1+P)+x(m_1^2+Pm_1+Q)\}$$

補助方程式

そこで m_1 を考えてみると，これは**補助方程式の根**であるから

$$m_1{}^2+Pm_1+Q=0$$

また(ロ)項の初めの関係から

$$2m_1=-P \quad \therefore \quad 2m_1+P=0$$

したがって(4・2)式の左辺は0となり， $y_1=C_1\varepsilon^{m_1 x}$ も $y_2=Cx\varepsilon^{m_1 x}$ も(4・2)式の解となるから，その和

$$y=C_1\varepsilon^{m_1 x}+Cx\varepsilon^{m_1 x}=\varepsilon^{m_1 x}(C_1+Cx) \tag{4・6}$$

が定数を二つ含む(4・2)式の全解となる．

虚根

(c) 虚根の場合 $(P^2<4Q)$　m の式の $\sqrt{}$ 内が負の場合であるから

-22-

4·1 直列RLC回路

$$m = \frac{-P}{2} \pm j\frac{1}{2}\sqrt{4Q-P^2}$$

いま $\dfrac{-P}{2} = \alpha$, $\dfrac{\sqrt{4Q-P^2}}{2} = \beta$ とすれば

$$m = \alpha \pm j\beta, \quad m_1 = \alpha + j\beta, \quad m_2 = \alpha - j\beta$$

したがってこの場合は

$$y = C_1 \varepsilon^{m_1 x} + C_2 \varepsilon^{m_2 x}$$
$$= C_1 \varepsilon^{(\alpha+j\beta)x} + C_2 \varepsilon^{(\alpha-j\beta)x} = \varepsilon^{\alpha x}(C_1 \varepsilon^{j\beta x} + C_2 \varepsilon^{-j\beta x})$$

指数関数と三角関数

そこで**指数関数と三角関数**の相互関係を用いると

$$y = \varepsilon^{\alpha x}\{C_1(\cos\beta x + j\sin\beta x) + C_2(\cos\beta x - j\sin\beta x)\}$$
$$= \varepsilon^{\alpha x}\{(C_1 + C_2)\cos\beta x + j(C_1 - C_2)\sin\beta x\}$$

ここで $C_1 + C_2 = A$, $j(C_1 - C_2) = B$ とすれば

$$y = \varepsilon^{\alpha x}(A\cos\beta x + B\sin\beta x) \tag{4·7}$$

が求める解となる.

RLC直列回路

(2) RLC直列回路への直流電源の印加

ここで $(4·1)$ 式にもどろう. まず補助方程式を求めると

$$Lm^2 + Rm + \frac{1}{C} = 0$$

$$m = \frac{-R \pm \sqrt{R^2 - 4\dfrac{L}{C}}}{2} = -\frac{R}{2L} \pm \sqrt{\frac{R^2}{4L^2} - \frac{1}{LC}} \tag{4·8}$$
$$= -\alpha \pm \beta$$

(a) $R^2/4L^2 > 1/LC$ または $R^2 > 4L/C$ の場合

$$i = A\varepsilon^{(-\alpha+\beta)t} + B\varepsilon^{(-\alpha-\beta)t}$$

$$\frac{di}{dt} = (-\alpha+\beta)\varepsilon^{(-\alpha+\beta)t} + (-\alpha-\beta)B\varepsilon^{(-\alpha-\beta)t}$$

$t = 0$ で $i = 0$, $di/dt = E/L$ を代入すると

$$0 = A + B$$

$$\frac{E}{L} = \left(-\frac{R}{2L} + \sqrt{\frac{R^2}{4L^2} - \frac{1}{LC}}\right)A + \left(-\frac{R}{2L} - \sqrt{\frac{R^2}{4L^2} - \frac{1}{LC}}\right)B$$

これより

$$A = -B = \frac{E}{2L\sqrt{\dfrac{R^2}{4L^2} - \dfrac{1}{LC}}}$$

したがって一般解は, α, β には $(4·8)$ 式を用いて

$$i = \frac{E}{2L\sqrt{\dfrac{R^2}{4L^2} - \dfrac{1}{LC}}}\{\varepsilon^{(-\alpha+\beta)t} - \varepsilon^{(-\alpha-\beta)t}\} \tag{4·9}$$

減衰波形

なお, 波形は**減衰波形**となるので, (a) の条件の場合は**対数的**といっている.

(b) $R^2/4L^2 < 1/LC$ または $R^2 < 4L/C$ の場合

補助方程式の根は虚根となり一般解の形は

$$i = A\varepsilon^{-\frac{R}{2L}t} \sin\left\{\left(\sqrt{\frac{1}{LC} - \frac{R^2}{4L^2}}\right)t + \theta\right\}$$

$$+ \left(\sqrt{\frac{1}{LC} - \frac{R^2}{4L^2}}\right) A\varepsilon^{-\frac{R}{2L}t} \cos\left\{\left(\sqrt{\frac{1}{LC} - \frac{R^2}{4L^2}}\right)t + \theta\right\}$$

$t=0$ で $i=0$, $di/dt = E/L$ を代入すると

$$0 = A\sin\theta$$

$$\frac{E}{L} = A\left\{-\frac{R}{2L}\sin\theta + \left(\sqrt{\frac{1}{LC} - \frac{R^2}{4L^2}}\right)\cos\theta\right\}$$

この連立方程式を解いて

$$\theta = 0$$

$$A = \frac{E}{L\sqrt{\frac{1}{LC} - \frac{R^2}{4L^2}}}$$

一般解 よって**一般解**は

$$i = \frac{E\varepsilon^{-\frac{R}{2L}t}}{L\sqrt{\frac{1}{LC} - \frac{R^2}{4L^2}}} \sin\left(\sqrt{\frac{1}{LC} - \frac{R^2}{4L^2}}\right)t \tag{4・10}$$

自由振動の周波数 (4・10)式から明らかなように，(b)の条件では振動的で，**自由振動の周波数**は次式のようになる．

$$f = \frac{1}{2\pi}\sqrt{\frac{1}{LC} - \frac{R^2}{4L^2}}$$

(c) $R^2/4L^2 = 1/LC$ または $R^2 = 4L/C$ の場合

一般解 補助方程式の根は等根で**一般解**は次式のようになる．

$$i = A\varepsilon^{-\frac{R}{2L}t} + Bt\varepsilon^{-\frac{R}{2L}t}$$

$$\therefore \quad \frac{di}{dt} = -\frac{R}{2L}A\varepsilon^{-\frac{R}{2L}t} + B\left(1 - \frac{R}{2L}t\right)\varepsilon^{-\frac{R}{2L}t}$$

$t=0$ で $i=0$, $di/dt = L/E$ を代入して

$$0 = A + 0$$

$$\frac{L}{E} = -\frac{R}{2L}A + B = B$$

一般解 よって**一般解**は

$$i = \frac{E}{L}t\varepsilon^{-\frac{R}{2L}t} \tag{4・11}$$

4・2 電気振動（その2）

〔例4〕 図4・1のような直流回路で，電池の電圧を E とし，これに定常電流を流

4·2 電気振動（その2）

しているとき，これをスイッチSで遮断した場合，ab間に発生する電圧の最大値を求めよ．ただしインダクタンスLの抵抗は無視する．

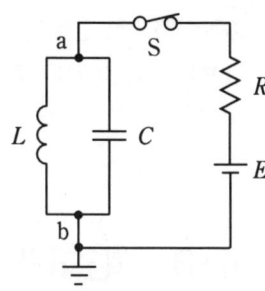

図4·1

〔答〕 題意のようにSを遮断した場合

v；ab間の電圧，i；Lの電流，q；Cの電荷とおけば，つぎの関係がある

$$v = L\frac{di}{dt}, \quad q = Cv$$

$$i = -\frac{dq}{dt} = -C\frac{dv}{dt}$$

$$\therefore \quad v = L\frac{di}{dt} = -LC\frac{d^2v}{dt^2}$$

$$\therefore \quad \frac{d^2v}{dt^2} + \frac{1}{LC}v = 0$$

この微分方程式を解いてvを求めるわけであるが，ここで，$\omega = 1/\sqrt{LC}$ とおけば，

一般解 一般解は

$$v = A\cos\omega t + jB\sin\omega t \quad (A, B；積分定数)$$

$$\therefore \quad i = -C\frac{dv}{dt} = \omega C(A\sin\omega t - jB\cos\omega t)$$

$t=0$ において $v=0$, $i=E/R$（定常時はab間は短絡されているから）とおけば

vの式から

$$A = 0$$

iの式から

$$\frac{E}{R} = -j\omega CB$$

$$\therefore \quad jB = -\frac{E}{\omega CR}$$

これらの関係を元の式に入れると

$$v = jB\sin\omega t = -\frac{E}{\omega CR}\sin\omega t$$

$$= -\frac{\sqrt{LC}}{CR}E\sin\frac{t}{\sqrt{LC}}$$

これより，ab間に発生する電圧vの最大値v_mは

$$v_m = E\frac{\sqrt{LC}}{CR} = E\sqrt{\frac{L}{CR^2}} = \frac{E}{R}\sqrt{\frac{L}{C}}$$

〔問6〕 つぎの ☐ 中に適当な答を記入せよ．

抵抗 R〔Ω〕とインダクタンス L〔H〕との直列回路の時定数は ☐，R〔Ω〕と静電容量 C〔F〕との直列回路の時定数は ☐ であり，その単位は ☐ である．

また，L〔H〕と C〔F〕との直列回路の共振周波数は ☐ であり，その単位は ☐ である．

4・3 電気振動（その3）

自由振動　図4・2のような回路に直流電圧 E を急に加えたときに生ずる**自由振動**の周波数を求めてみよう．

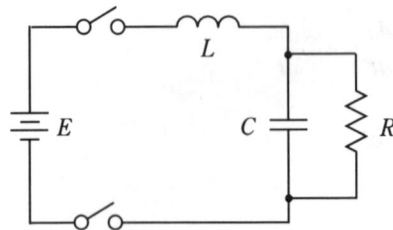

図4・2

充電電流　スイッチを閉じてから t 秒後の電池からの電流を i〔A〕，そのとき C 上の電荷を q とすれば，**充電電流** $i_C = dq/dt$，R を上から下へ流れる電流を i_R として，微分方程式を求めると

$$L\frac{di}{dt} + \frac{q}{C} = E$$

C の端子電圧は (q/C) なので，i_R はそれを R で割って

$$\frac{di}{dt} = \frac{d}{dt}\left(\frac{dq}{dt} + \frac{q}{CR}\right) = \frac{d^2q}{dt^2} + \frac{1}{CR}\frac{dq}{dt}$$

これを上式に代入すれば

$$\frac{d^2q}{dt^2} + \frac{1}{CR}\frac{dq}{dt} + \frac{1}{CL}q = \frac{E}{L}$$

補助方程式　補助方程式は

$$m^2 + \frac{1}{CR}m + \frac{1}{CL} = 0$$

$$\therefore\ m = -\frac{1}{2CR} \pm \sqrt{\left(\frac{1}{2CR}\right)^2 - \frac{1}{CL}}$$

一般に m は複素数となるので，つぎのようにおく．

$$m = -\alpha \pm j\beta$$

一般解　すると**一般解**は

$$q = A\varepsilon^{-(\alpha+j\beta)t} + B\varepsilon^{-(\alpha-j\beta)t}$$

定常状態になったときを考えると $i = E/R$ で，C の端子には E が加わるから $q = CE$．これが特別解で，完全解は

-26-

$$q = CE + A\varepsilon^{-(\alpha+j\beta)t} + B\varepsilon^{-(\alpha-j\beta)t}$$
$$= CE + \varepsilon^{-\alpha t}\{(A+B)\cos\beta t + j(A-B)\sin\beta t\}$$

$(A+B) = K_2$, $j(A-B) = K_1$ とおくと

$$q = CE + \varepsilon^{-\alpha t}(K_1\sin\beta t + K_2\cos\beta t)$$
$$= CE + \varepsilon^{-\alpha t}\sqrt{K_1{}^2 + K_2{}^2}\sin(\beta t + \varphi)$$

ここに
$$\varphi = \tan^{-1}(K_2/K_1)$$

自由振動の周波数　上式は振動し，その角周波数はβで，**自由振動の周波数**fは

$$f = \frac{\beta}{2\pi} = \frac{1}{2\pi}\sqrt{\frac{1}{CL} - \left(\frac{1}{2CR}\right)^2} \qquad (4\cdot12)$$

となる．

4・4　衝撃電圧発生器の原理

衝撃電圧発生器　変圧器，がいしなどは商用周波数の高電圧で試験するほか，衝撃波を加えて試験が行われる．天然雷の波形は$1\mu s$付近で最高値となり，以下ゆるやかに減少することがわかったので，これに似せた波形の衝撃電圧を発生するのが**衝撃電圧発生器**(Impulse generator)である．図4・3はこの原理的な回路を示したものである．

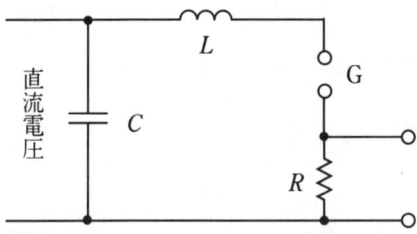

図4・3　衝撃電圧発生器の原理

火花間隙　半波整流電源などを使って徐々にコンデンサCを充電すると**火花間隙**Gにも同じ電圧が加わり，やがて放電電圧に達すると放電する．この短絡回路に流れる電流をi

放電電圧　とし，火花間隙の**放電電圧**をv_Cとすれば

$$\frac{di}{dt} + v_C + Ri + \frac{1}{C}\int i\,dt = 0$$

ここでv_CはRiに比べ小さいのでこれを無視すると，微分方程式は$(4\cdot1)$式と同じである．しかし，Rは高抵抗であるから$R^2 > 4L/C$, すなわち，この条件を満足させれば振動的とならず対数的に減衰する．

よって，

$$m_1 = -\frac{R}{2L} + \sqrt{\frac{R^2 - \dfrac{4L}{C}}{(2L)^2}}$$

$$m_2 = -\frac{R}{2L} - \sqrt{\frac{R^2 - \frac{4L}{C}}{(2L)^2}}$$

この場合，定常項は0であるから，iの一般解は

$$i = A\varepsilon^{m_1 t} + B\varepsilon^{m_2 t}$$

定数A，Bを求めるため，$t=0$で$i=0$，また印加電圧の最大値で放電するものとして $di/dt = \sqrt{2}\,E/L$（ただしE；印加正弦波の実効値）であるから

$$A = -B = \frac{\sqrt{2}\,E}{L(m_1 - m_2)}$$

$$\therefore\ i = \frac{\sqrt{2}\,E}{L(m_1 + m_2)}\left(\varepsilon^{m_1 t} - \varepsilon^{m_2 t}\right)$$

$$= \frac{\sqrt{2}\,E}{\sqrt{R^2 - \frac{4L}{C}}}\left(\varepsilon^{m_1 t} - \varepsilon^{m_2 t}\right)$$

電流iの変化の様子はほぼ図4・4に示すようである．

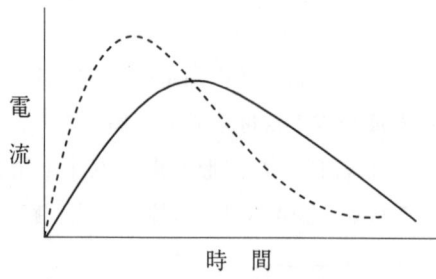

図4・4　電流の時間的変化

AB間の端子電圧はRiであるから$Ri = v_t$は

$$v_t = \frac{E}{\sqrt{\frac{1}{2} - \frac{2L}{CR^2}}}\left(\varepsilon^{m_1 t} - \varepsilon^{m_2 t}\right)$$

衝撃電圧　そうして，この場合には**衝撃電圧**が1サイクルごとに発生することになる．

実際の装置では多くのコンデンサを並列に充電し，これを直列に並べ換え放電する形をとるので，数百万V以上の超高圧が得られる．そうして，R, L, Cの選び方で，最高値に達するまでの時間やその後の減衰の仕方が調整されるようになっている．

5　R-L-Cの交流回路

5・1　2階微分方程式の解法

2階線形微分　2階線形微分方程式(5・1)式の解法を示そう．
方程式
$$\frac{d^2y}{dx^2} + P\frac{dy}{dx} + Qy = X = f(x) \tag{5・1}$$

条件としてP，Qは定数，Xがxの関数$f(x)$である場合とする．

まず，右辺が0の方程式を解く．これはすでに示したところである．いまこの解を$y=Y$とおく．

つぎに，(5・1)式を満足する一つの特別な解を求め，それを$y=U$とする．すると(5・1)式の解は

$$y = Y + U \tag{5・2}$$

余関数　で表すことができる．(5・2)式のYを**余関数**，Uを**一般解**という．
一般解
〔証明〕　$y = Y + U$

これを(5・1)式の左辺に入れると

$$\frac{d^2Y}{dx^2} + \frac{d^2U}{dx^2} + P\left(\frac{dY}{dx} + \frac{dU}{dx}\right) + Q(Y+U)$$

$$= \frac{d^2Y}{dx^2} + P\frac{dY}{dx} + QY + \frac{d^2U}{dx^2} + P\frac{dU}{dx} + QU$$

しかるにYは(5・1)式で$f(x)=0$としたときの解であるから

$$\frac{d^2Y}{dx^2} + P\frac{dY}{dx} + QY = 0$$

またUは(5・1)式の解であるから

$$\frac{d^2U}{dx^2} + P\frac{dU}{dx} + QU = X = f(x)$$

$$\therefore\quad y = Y + U$$

特別解　よって(5・1)式は(5・2)式を満足させる．それのみならず，Yの中には二つの定数を含む．2階微分方程式の解にはちょうど二つの定数が含まれればよいから(5・1)式は(5・2)式の**一般解**である．ただし**特別解**の中には定数を含めないようにしなければならない．

〔特別解の求め方の例〕
(1) 交流の過渡現象にもっとも応用範囲の広い場合
いま
$$X = E\sin\omega x + F\cos\omega x$$
あるいは
$$X = E\sin\omega x \quad \text{または} \quad X = F\cos\omega x$$
と置いてみると，原方程式は
$$\frac{d^2y}{dx^2} + P\frac{dy}{dx} + Qy = E\sin\omega x + F\cos\omega x \tag{1}$$

特別解　特別解を求めるため
$$y = G\sin\omega x + H\cos\omega x \tag{2}$$
と置いてみると
$$\frac{dy}{dx} = -H\omega\sin\omega x + G\omega\cos\omega x$$

$$\frac{d^2y}{dx^2} = -G\omega^2\sin\omega x - H\omega^2\cos\omega x$$

これを(1)式に代入してみると
$$(GQ - PH\omega - G\omega^2)\sin\omega x + (QH + GP\omega - H\omega^2)\cos\omega x$$
$$= E\sin\omega x + F\cos\omega x \tag{3}$$

(2)式が(1)式の解であるということは，xのどんな値に対しても(1)式を満足しなければならない．そのためには(3)式がxのいかなる値のときでも成立たなくてはならない．このことから$\sin\omega x$，$\cos\omega x$の係数が両辺にて相等しくなければならない．

したがって
$$GQ - PH\omega - G\omega^2 = E$$
$$HQ - PG\omega - H\omega^2 = F$$

これを解いて
$$G = \frac{E(Q-\omega^2) + PF\omega}{(Q-\omega^2)^2 + P^2\omega^2}$$

$$H = \frac{F(Q-\omega^2) - PE\omega}{(Q-\omega^2)^2 + P^2\omega^2}$$

すなわち特別解は，上記，G，Hの右辺を(2)式のG，Hに代入したものとなる．これに余関数を加えると一般解が求まる．

(2) 特別な場合　$P = 0$である場合，すなわち
$$\frac{d^2y}{dx^2} + Qy = E\sin\omega x + F\cos\omega x$$

のとき，特別解は

$$y = \frac{E}{Q-\omega^2}\sin\omega x + \frac{F}{Q-\omega^2}\cos\omega x$$

さらに，この式で$Q=\omega^2$である場合には，この特別解の求め方ではいけない．このような場合には

$$y = (G\sin\omega x + H\cos\omega x)x$$

特別解 とし，これを原方程式に入れて，**特別解**を求める．

$$\frac{d^2y}{dx^2} + Qy = E\sin\omega x + F\cos\omega x$$

$$Q = \omega^2$$

$$\frac{dy}{dx} = G\sin\omega x + H\cos\omega x + (G\omega\cos\omega x + H\omega\sin\omega x)x$$

$$\frac{d^2y}{dx^2} = 2G\omega\cos\omega x - 2H\omega\sin\omega x + (-G\omega^2\sin\omega x - H\omega^2\cos\omega x)x$$

$$\therefore\ 2G\omega\cos\omega x - 2H\omega\sin\omega x - (G\omega^2\sin\omega x - H\omega^2\sin\omega x)x$$
$$+ (G\sin\omega x + H\cos\omega x)\omega^2 x = E\sin\omega x + F\cos\omega x$$

この式で$\sin\omega x$，$\cos\omega x$の係数は，それぞれ両辺において等しくなければならないから，これを解き

$$-2H\omega = E,\ 2G\omega = F$$

$$\therefore\ H = \frac{-E}{2\omega}\quad G = \frac{F}{2\omega}$$

したがって，この場合の特別解は

$$y = \left(\frac{F}{2\omega}\sin\omega x - \frac{E}{2\omega}\cos\omega x\right)x$$

5・2　R, L, Cの直列回路に正弦波電圧を印加したときの過渡現象

過渡電流　いま，電圧$e = E_m\sin(\omega t + \alpha)$を$t = 0$にて加えたときの**過渡電流**を求めてみよう．回路を閉じてからt秒後の電流をi，コンデンサの電荷をqとするとつぎの式が成立つ．

$$L\frac{di}{dt} + \frac{q}{C} + Ri = e = E_m\sin(\omega t + \alpha)$$

この式に$i = dq/dt$を入れると

$$L\frac{d^2q}{dt^2} + R\frac{dq}{dt} + \frac{q}{C} = E_m\sin(\omega t + \alpha)$$

これを解くには，まず余関数を求めるため，補助方程式を求める．

補助方程式　**補助方程式**は

$$Lm^2 + Rm + \frac{1}{C} = 0$$

$$\therefore m_1 = \frac{-R + \sqrt{R^2 - \frac{4L}{C}}}{2L} \quad m_2 = \frac{-R - \sqrt{R^2 - \frac{4L}{C}}}{2L}$$

そうして，これらの定数の値によって，三つの異なる場合が生ずることは既述のとおりである．

特別解 つぎに**特別解**を求めるため，つぎのように置く．

$$q = P\sin(\omega t + \alpha) + Q\cos(\omega t + \alpha)$$

$$\frac{dq}{dt} = -\omega Q \sin(\omega t + \alpha) + \omega P \cos(\omega t + \alpha)$$

$$\frac{d^2 q}{dt^2} = -\omega^2 P \sin(\omega t + \alpha) + \omega^2 Q \cos(\omega t + \alpha)$$

q に $1/C$, dq/dt に R, d^2q/dt^2 に L を乗じて和を求めると

$$\left\{P\left(\frac{1}{C} - \omega^2 L\right) - Q\omega L\right\}\sin(\omega t + \alpha) + \left\{Q\left(\frac{1}{C} - \omega^2 L\right) + P\omega R\right\}\cos(\omega t + \alpha)$$
$$= E_m \sin(\omega t + \alpha)$$

そこで，$\sin(\omega t + \alpha)$, $\cos(\omega t + \alpha)$ の係数を両辺比較して

$$P\left(\frac{1}{C} - \omega^2 L\right) - Q\omega L = E_m$$

$$Q\left(\frac{1}{C} - \omega^2 L\right) + P\omega R = 0$$

$$\therefore P = \frac{E_m\left(\frac{1}{C} - \omega^2 L\right)}{\left(\frac{1}{C} - \omega^2 L\right) + \omega^2 R^2}, \quad Q = \frac{-E_m \omega R}{\left(\frac{1}{C} - \omega^2 L\right)^2 + \omega^2 R^2}$$

したがって特別解は

$$q = \frac{-E_m \omega R}{\left(\frac{1}{C} - \omega^2 L\right) + \omega^2 R^2}\cos(\omega t + \alpha) + \frac{E_m\left(\frac{1}{C} - \omega^2 L\right)}{\left(\frac{1}{C} - \omega^2 L\right)^2 + \omega^2 R^2}\sin(\omega t + \alpha)$$

これをまた $q = -A\cos(\omega t + \alpha + \beta)$ と表すと

$$q = -A\cos(\omega t + \alpha)\cos\beta + A\sin(\omega t + \alpha)\sin\beta$$

この式と前式を比較して

$$A\sin\beta = \frac{E_m\left(\frac{1}{C} - \omega^2 L\right)}{\left(\frac{1}{C} - \omega^2 L\right)^2 + \omega^2 R^2}$$

$$A\cos\beta = \frac{E_m \omega R}{\left(\frac{1}{C} - \omega^2 L\right)^2 + \omega^2 R^2}$$

5・2 R，L，Cの直列回路に正弦波電圧を印加したときの過渡現象

$$\therefore A = \frac{E_m}{\sqrt{\omega^2 R^2 + \left(\frac{1}{C} - \omega^2 L\right)^2}} = \frac{E_m}{\sqrt{R^2 + \left(\frac{1}{\omega C} - \omega L\right)^2}}$$

$$\tan\beta = \frac{\left(\frac{1}{C} - \omega^2 L\right)}{\omega R} = \frac{\left(\frac{1}{\omega C} - \omega L\right)}{R}$$

$$\therefore \beta = \tan^{-1}\frac{\left(\frac{1}{\omega C} - \omega L\right)}{R}$$

特別解 よって**特別解**は

$$q = \frac{\frac{E_m}{\omega}}{\sqrt{R^2 + \left(\frac{1}{\omega C} - \omega L\right)^2}}\cos(\omega t + \alpha + \beta)$$

一般解 そこで，**一般解**は，余関数のそれぞれの値と特別解との和で示されるから，つぎのようになる．

（イ）$R^2 > 4L/C$ の場合

$$q = A\varepsilon^{m_1 t} + B\varepsilon^{m_2 t} - \frac{\frac{E_m}{\omega}}{\sqrt{R^2 + \left(\frac{1}{\omega C} - \omega L\right)^2}}\cos(\omega t + \alpha + \beta)$$

ε の肩の数 m_1，m_2 はともに 0 より小さいから，この項は時間とともに減少する．

（ロ）$R^2 = 4L/C$ の場合

$$q = \varepsilon^{-\frac{R}{2}t}(A + Bt) - \frac{\frac{E_m}{\omega}}{\sqrt{R^2 + \left(\frac{1}{\omega C} - \omega L\right)^2}}\cos(\omega t + \alpha + \beta)$$

（ハ）$R^2 < 4L/R$ の場合

$$q = \varepsilon^{-\frac{R}{2L}t}\left\{A\cos\frac{\sqrt{\frac{4L}{C} - R^2}}{2L}t + B\sin\frac{\sqrt{\frac{4L}{C} - R^2}}{2L}t\right\}$$

$$- \frac{\frac{E_m}{\omega}}{\sqrt{R^2 + \left(\frac{1}{\omega C} - \omega L\right)^2}}\cos(\omega t + \alpha + \beta)$$

（イ）（ロ）（ハ）それぞれにおいて，q を t で微分すれば電流 i が求まる．
（イ）の場合の i はつぎのようになる．

$$i = \frac{E_m}{\sqrt{R^2 + \left(\frac{1}{\omega C} - \omega L\right)^2}}\sin(\omega t + \alpha + \beta) + Am_1\varepsilon^{m_1 t} + Bm_2\varepsilon^{m_2 t}$$

5 R-L-Cの交流回路

定数A, Bを求めるには$t=0$で$i=0$, $q=0$の条件を代入して連立方程式を作り，これを解いて求める．こうして求めたA, Bをiとqの式に代入するとiとqの時間に対する変化，すなわち過渡現象を解くことができるわけである．

ところでεの肩の数m_1, m_2はどちらも負であるから，iに対する第2項，第3項はtがかなり大きくなれば，ほとんど影響しなくなり，結局，第1項のみとなり，通常見なれた関係となる．

過渡項 すなわち第2項，第3項は過渡的変化があった場合に現れる**過渡項**であって，この項のため，過渡期間中は正弦波交流がひずんで，直流分を含むことがわかる．また**過渡電流** 一般に**過渡電流**は，定常項と過渡項とより成ることもわかる．

(ロ)(ハ)の場合も同様の手法で定数A, Bを求めればよい．

〔例5〕 自己インダクタンスLと静電容量Cの直列回路に，$e = E_m \sin(\omega t - \alpha)$の起電力を時間$t=0$で加えたときに流れる電流$i$およびコンデンサの電荷$q$の変化を求めよ．

〔解答〕 この回路には次式が成り立つ

$$L\frac{di}{dt} + \frac{q}{C} = e = E_m \sin(\omega t - \alpha)$$

dq/dtを代入すると

$$L\frac{d^2q}{dt^2} + \frac{q}{C} = E_m \sin(\omega t - \alpha)$$

補助方程式 補助方程式を作ると

$$Lm^2 + \frac{1}{C} = 0$$

$$\therefore\ m = \pm j\sqrt{\frac{1}{LC}}$$

余関数 したがって**余関数**は

$$q = \varepsilon^0 \left(A\cos\sqrt{\frac{1}{LC}}\,t + B\sin\sqrt{\frac{1}{LC}}\,t \right)$$

$$= A\cos\sqrt{\frac{1}{LC}}\,t + B\sin\sqrt{\frac{1}{LC}}\,t$$

特別解 つぎに**特別解**を求めるためにはつぎのようにする．

(イ) $\omega = 1/\sqrt{LC}$ の場合

$$q = P\sin(\omega t - \alpha) + Q\cos(\omega t - \alpha)$$

$$\frac{dq}{dt} = -Q\omega\sin(\omega t - \alpha) + P\omega\cos(\omega t - \alpha)$$

$$\frac{d^2q}{dt^2} = -P\omega^2\sin(\omega t - \alpha) - Q\omega^2\cos(\omega t - \alpha)$$

$$\therefore\ E_m \sin(\omega t - \alpha) = P\left(\frac{1}{C} - \omega^2 L\right)\sin(\omega t - \alpha)$$
$$+ Q\left(\frac{1}{C} - \omega^2 L\right)\cos(\omega t - \alpha)$$

5・2 R, L, Cの直列回路に正弦波電圧を印加したときの過渡現象

$$\therefore \quad E_m = P\left(\frac{1}{C} - \omega^2 L\right)$$

$$\therefore \quad 0 = Q\left(\frac{1}{C} - \omega^2 L\right)$$

( )内は0ではないから

$$P = \frac{E_m}{\frac{1}{C} - \omega^2 L} \quad Q = 0$$

特別解 したがって**特別解**は

$$q = \frac{E_m}{\frac{1}{C} - \omega^2 L} \sin(\omega t - \alpha)$$

一般解 よって**一般解**は

$$q = A\cos\sqrt{\frac{1}{LC}}\,t + B\sin\sqrt{\frac{1}{LC}}\,t + \frac{E_m}{\frac{1}{C} - \omega^2 L}\sin(\omega t - \alpha)$$

$$i = \frac{B}{\sqrt{LC}}\cos\sqrt{\frac{1}{LC}}\,t - \frac{A}{\sqrt{LC}}\sin\sqrt{\frac{1}{LC}}\,t + \frac{\omega E_m}{\frac{1}{C} - \omega^2 L}\cos(\omega t - \alpha)$$

$$= \frac{B}{\sqrt{LC}}\cos\sqrt{\frac{1}{LC}}\,t - \frac{A}{\sqrt{LC}}\sin\sqrt{\frac{1}{LC}}\,t + \frac{E_m}{\frac{1}{\omega C} - \omega L}\sin\left(\frac{\pi}{2} - \omega t + \alpha\right)$$

定数 A, B を求めるため $t = 0$ で $i = 0$, $q = 0$ とすれば

$$0 = A + \frac{E_m}{\frac{1}{C} - \omega^2 L}\sin(-\alpha) = A - \frac{E_m}{\frac{1}{C} - \omega^2 L}\sin\alpha$$

$$\therefore \quad A = \frac{E_m}{\frac{1}{C} - \omega^2 L}\sin\alpha$$

$$0 = \frac{B}{\sqrt{LC}} + \frac{\omega E_m}{\frac{1}{C} - \omega^2 L}\cos(-\alpha) = \frac{B}{\sqrt{LC}} + \frac{\omega E_m}{\frac{1}{C} - \omega^2 L}\cos\alpha$$

$$\therefore \quad B = \frac{-\sqrt{LC}\,E_m}{\frac{1}{\omega C} - \omega L}\cos\alpha$$

この A と B を i と q の式に代入すれば電流と電荷の時間的変化が求められる．その結果は周波数の異なった（電源周波数と回路の固有周波数の）正弦波交流が重なったものとなる．

（ロ） $\omega = 1/\sqrt{LC}$ の場合

余関数 **余関数**は（イ）と同じである．

特別解 **特別解**を求めるため q をつぎのようにおくと

5 R-L-Cの交流回路

$$q = \{P\sin(\omega t - \alpha) + Q\cos(\omega t - \alpha)\}t$$

$$\frac{dq}{dt} = \{P\omega\cos(\omega t - \alpha) - Q\omega\sin(\omega t - \alpha)\}t$$
$$+ P\sin(\omega t - \alpha) + Q\cos(\omega t - \alpha)$$

$$\frac{d^2q}{dt^2} = 2P\omega\cos(\omega t - \alpha) - 2Q\omega\sin(\omega t - \alpha)$$
$$+ \{-P\omega^2\sin(\omega t - \alpha) - Q\omega^2\cos(\omega t - \alpha)\}t$$

この結果と$\omega^2 L = 1/C$という条件を考慮すれば

$$L\frac{d^2q}{dt^2} + \frac{1}{C}$$

は，d^2q/dt^2の第2項にLを乗じたものと(q/C)とは打消されてしまう結果

$$L\frac{d^2q}{dt^2} + \frac{q}{C} = 2\omega L\{P\cos(\omega t - \alpha) - Q\sin(\omega t - \alpha)\} = E_m\sin(\omega t - \alpha)$$

$$\therefore\ 2\omega LP = 0\text{から}\quad P = 0$$

$$-2\omega LQ = E_m\text{から}\quad Q = \frac{-E_m}{2\omega L}$$

したがって特別解はつぎのようになる．

$$q = -\frac{E_m t}{2\omega L}\cos(\omega t - \alpha)$$

一般解 一般解は

$$q = A\cos\sqrt{\frac{1}{LC}}\,t + B\sin\sqrt{\frac{1}{LC}}\,t - \frac{E_m t}{2\omega L}\cos(\omega t - \alpha)$$

固有周波数 固有周波数f_rはつぎのようになる．

$$f_r = \frac{1}{2\pi\sqrt{LC}}$$

6 ラプラス変換概説

6·1 ラプラス変換とおもな公式

時間 $t \geqq 0$ において定義された関数 $f(t)$ (ただし $t<0$ においては $f(t)=0$) に対してつぎのように定義された関数 $F(s)$ を考えてみよう.

$$F(s) = \int_{+0}^{\infty} \varepsilon^{-st} f(t)\, dt \tag{6·1}$$

演算子　　この $F(s)$ を $f(t)$ のラプラス変換とよび, **演算子** s の関数となるが簡単のため

$$F(s) = \mathcal{L} f(t) \tag{6·2}$$

のように表わす.

ラプラス変換　　**ラプラス変換**とは (6·1) 式で定義された $f(t)$ から $F(s)$ への変換そのものを指すのであるが, 慣用的に変換の後に得られた $F(s)$ 自身のこともラプラス変換とよんでいる. また $F(s)$ は像関数, s 関数などともよばれる.

これに対して $f(t)$ は原関数, t 関数などともよばれている.

(6·2) 式の $\mathcal{L}$ はラプラス変換を表わす記号で, s 関数から t 関数を求めることは, **ラ**

ラプラス逆変換　　**プラス逆変換**といわれ, その記号には $\mathcal{L}^{-1}$ を用いている.

つぎに簡単な関数について (6·1) 式を用いてラプラス変換の仕方を調べてみよう.

単位ステップ関数　　〔EX 1〕　単位ステップ関数　$f(t) = u(t) = 1\ (t<0$ で $0,\ t>0$ で $1)$

$$F(s) = \int_{+0}^{\infty} 1 \times \varepsilon^{-st} dt = \left[-\frac{1}{s}\varepsilon^{-st}\right]_{+0}^{\infty} = -\frac{1}{s}(-1) = \frac{1}{s} \tag{6·3}$$

定数 a ならば $\mathcal{L} a = \dfrac{a}{s}$ \hfill (6·4)

指数関数　　〔EX 2〕　指数関数　ε^{at}

$$F(s) = \int_{+0}^{\infty} \varepsilon^{-st} \varepsilon^{at} dt = \int_{+0}^{\infty} \varepsilon^{(a-s)t} dt = \left[-\frac{\varepsilon^{-st}}{a-s}\right]_{+0}^{\infty}$$

$$= -\frac{1}{a-s}(-1) = \frac{1}{a-s} \tag{6·5}$$

同様に

$$F(s) = \mathcal{L} \varepsilon^{-at} = \frac{1}{a+s} \tag{6·6}$$

正弦　　〔EX 3〕　正弦　$\sin at$

$$\sin at = \frac{1}{2j}\left(\varepsilon^{jat} - \varepsilon^{-jat}\right)$$

$$\therefore \mathcal{L}\sin at = \mathcal{L}^{-1}\frac{1}{2j}\left(\varepsilon^{jat} - \varepsilon^{-jat}\right) = \frac{1}{2j}\left(\frac{1}{s+ja} - \frac{1}{s-ja}\right)$$

$$= \frac{1}{2j}\left\{\frac{2ja}{(s+ja)(s-ja)}\right\} = \frac{a}{s^2 + a^2} \tag{6·7}$$

実微分定理

〔EX 4〕 実微分定理

$$\mathcal{L}\left\{\frac{df(t)}{dt}\right\} = \int_{+0}^{\infty}\frac{df(t)}{dt}\varepsilon^{-st}dt = \int_{+0}^{\infty}u\,dv$$

部分積分法により $u = \varepsilon^{-st}$, $dv = \{df(t)/dt\}dt$ とおけば, $du = -s\varepsilon^{-st}dt$, $v = f(t)$, 公式 $\int u\,dv = uv - \int v\,du$ から

$$\int_{+0}^{\infty}\frac{df(t)}{dt}\varepsilon^{-st}dt = \left[f(t)\varepsilon^{-st}\right]_{0+}^{\infty} - \int_{+0}^{\infty}f(t)(-s\varepsilon^{-st})dt$$

$$= -f(+0) + sF(s) = sF(s) - f(+0) \tag{6·8}$$

なぜならば $\int_{+0}^{\infty}f(t)\varepsilon^{-st}dt = \mathcal{L}f(t) = F(s)$ だからである.

初期値

ここに $f(+0)$ は初期値である. いま初期値を0とすると $\mathcal{L}\{df(t)/dt\} = sF(s)$ を得る.

微分演算子

この形は形式的に s を微分演算子として $d/dt \to s$ と置き換え, かつ, $f(t)$ をラプラス変換 $F(s)$ と書き変えたものと同じである.

初期値

〔EX 5〕 初期値の定理

$$\lim_{s\to\infty}\int_{+0}^{\infty}f'(t)\varepsilon^{-st}dt = \int_{+0}^{\infty}f'(t)\cdot\lim_{s\to\infty}\varepsilon^{-st}dt = 0$$

したがって (6·8) 式から

$$\lim_{s\to\infty}sF(s) = f(+0) \tag{6·9}$$

このことは t 領域の関数値が直接に s 領域の極限値と結ばれていることを示している.

実積分定理

〔EX 6〕 実積分定理

$$F(s) = \int_{+0}^{\infty}f(t)\varepsilon^{-st}dt = \left[\varepsilon^{-st}\int f(t)dt\right]_{+0}^{\infty} + s\int_{+0}^{\infty}\left\{\int f(t)dt\right\}\varepsilon^{-st}dt$$

$$= -f^{(-1)}(+0) + s\mathcal{L}\left\{\int f(t)dt\right\}$$

ここに $f^{(-1)}(+0)$ は $\int f(t)dt$ に初期値を入れたものである. これから $\mathcal{L}\int f(t)dt$ を算出すると

$$\mathcal{L}\left\{\int f(t)dt\right\} = \frac{F(s)}{s} + \frac{f^{(-1)}(+0)}{s} \tag{6·10}$$

ここで初期値を0とすると

$$\mathcal{L}\left\{\int f(t)dt\right\} = \frac{F(s)}{s} \qquad (6\cdot11)$$

となり，形式的に$1/s$は$\int \to \dfrac{1}{s}$と置き換えた形となる．

このようにして得られた変換公式のうち電気回路の過渡現象の解析によく出てくるものの，ごく一部を示したのが**表6·1**である．

ラプラス変換表

表6·1　ラプラス変換表

s関数	t関数	s関数	t関数
$\dfrac{1}{s}$	$1,\ u(t)$	$\dfrac{\omega}{s^2 \pm \omega}$	$\begin{cases}+ は \sin\omega t \\ - は \sinh\omega t\end{cases}$
$\dfrac{1}{s^2}$	t		
$\dfrac{1}{s^n}$	$\dfrac{t^{n-1}}{(n-1)!}$	$\dfrac{\omega}{(s+a)^2 \pm \omega^2}$	$\begin{cases}+ は \varepsilon^{-at}\sin\omega t \\ - は \varepsilon^{-at}\sinh\omega t\end{cases}$
$\dfrac{1}{s \mp a}$	$\varepsilon^{\pm at}$	$\dfrac{s}{s^2 \pm \omega^2}$	$\begin{cases}+ は \cos\omega t \\ - は \cosh\omega t\end{cases}$
$\dfrac{1}{(s+a)^2}$	$t\varepsilon^{-at}$		
$\dfrac{1}{s(s+a)}$	$\dfrac{1}{a}(1-\varepsilon^{-at})$	$\dfrac{s+a}{(s+a)^2 \pm \omega^2}$	$\begin{cases}+ は \varepsilon^{-at}\cos\omega t \\ - は \varepsilon^{-at}\cosh\omega t\end{cases}$

逆変換　なお**逆変換**の仕方は，与えられたs関数をt関数に変換しやすい形，たとえば結果が明瞭にわかっている$1/s$とか$1/(s-a)$，あるいはこれらの和の形などとするか，公式表から解が見出されるような形とすればよい．

6·2　簡単な直流回路の過渡現象への応用

R-L直列回路　R-L直列回路に電圧Eを急に加えるときの過渡電流をiとすると次式が成り立つ．

$$Ri + L\frac{di}{dt} = E$$

$t=+0$のときの電流（初期値）を$I(+0)$，ラプラス変換後の電流の記号を$I(s)$とすると，$L(di/dt)$は〔EX 4〕により$L\{sI(s)-I(s)\}$，またRiおよびEのラプラス変換はそれぞれ$RI(s)$，E/sであるからつぎの関係式が成り立つ．

$$RI(s) + L\{sI(s) - I(+0)\} = \frac{E}{s}$$

$$\therefore\ RI(s) + sLI(s) = \frac{E}{s} + LI(+0)$$

初期値$I(+0)=0$ならば

$$(R+sL)I(s) = \frac{E}{s}$$

$$\therefore \quad I(s) = \frac{E}{s(R+sL)} = \frac{E}{sL\left(\frac{R}{L}+s\right)}$$

$$= \frac{E}{L} \cdot \frac{L}{R}\left(\frac{1}{s} - \frac{1}{s+\frac{R}{L}}\right) = \frac{E}{R}\left(\frac{1}{s} - \frac{1}{s+\frac{R}{L}}\right)$$

$\mathcal{L}^{-1}(1/s) = 1$, $\mathcal{L}^{-1}\{1/(s-a)\} = \varepsilon^{-st}$ から

$$i = \frac{E}{R}\left(1 - \varepsilon^{-\frac{R}{L}t}\right)$$

この結果は2・1で求めた結果と同じである．

6・3 初期値をもつ場合の扱い方

初期値　前項で**初期値**$I(+0)$をもつ場合には，Lと直列に$I(s)$と同方向に起電力$LI(+0)$があるとして扱えばよい．

過渡電流　ここでは，RとCの直列回路に直流電圧Eを急に印加する場合を扱ってみよう．Eは一定値であるから，そのラプラス変換はE/s，そこで求める**過渡電流**iをラプラス変換したものを$I(s)$とし，$(1/C)\int i dt$のs関数は$I(s)/sC$，Cが初期値q_0をもつ場合には，Cと直列に，$I(s)$と逆方向に起電力(q_0/sC)があるとして式を立てれば

$$RI(s) + \frac{1}{sC}I(s) = \frac{E}{s} - \frac{q_0}{sC}$$

$$\therefore \quad I(s) = \frac{E}{s\left(R+\frac{1}{sC}\right)} - \frac{q_0}{sC\left(R+\frac{1}{sC}\right)}$$

$$= \frac{E}{R\left(s+\frac{1}{CR}\right)} - \frac{q_0}{CR\left(s+\frac{1}{CR}\right)}$$

$$\therefore \quad i = \frac{E}{R}\varepsilon^{-\frac{1}{CR}t} - \frac{q_0}{CR}\varepsilon^{-\frac{1}{CR}t} = \left(\frac{E}{R} - \frac{q_0}{CR}\right)\varepsilon^{-\frac{1}{CR}t}$$

初期値q_0が0ならば，

$$i = \frac{E}{R}\varepsilon^{-\frac{1}{CR}t}$$

で3・1の結果と一致する．

〔例6〕　図6・1のような直列回路で，電池の電圧をEとし，これに定常電流を流

6·3 初期値をもつ場合の扱い方

しているとき，これをスイッチSで遮断した場合，ab間に発生する電圧の最大値を求めよ．ただし，インダクタンスLの抵抗は無視する（4·2〔例4〕の別解）．

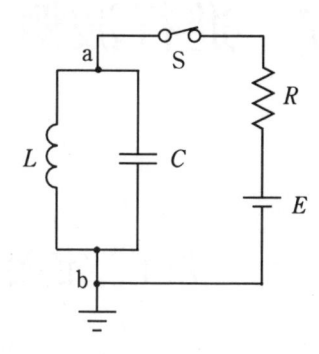

図6·1

初期値 〔略解〕 Lの初期値は$I(+0)=E/R$，Cの初期値は$q_0=0$であるから図6·2から

$$\left(sL+\frac{1}{sC}\right)I(s)=LI(+0)$$

$$\therefore\ I(s)=\frac{LI(+0)}{\left(sL+\dfrac{1}{sC}\right)}$$

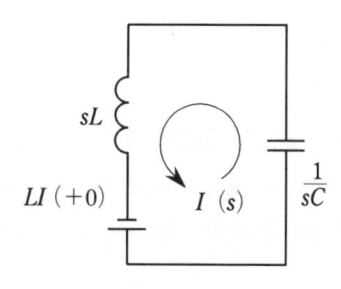

図6·2

ラプラス変換 ab間の電圧をv，そのラプラス変換を$V(s)$とすれば

$$V(s)=\frac{I(s)}{sC}=\frac{LI(+0)}{sC\left(sL+\dfrac{1}{sC}\right)}=\frac{LI(s)}{LC\left(s^2+\dfrac{1}{LC}\right)}$$

$$=\frac{I(+0)}{C}\cdot\frac{1}{\left(s^2+\dfrac{1}{LC}\right)}=\frac{I(+0)}{\omega C}\cdot\frac{\omega}{s^2+\omega^2}$$

ここに $\omega=\sqrt{1/LC}$ である．

$$\therefore\ v=\frac{I(+0)}{\omega C}\sin\omega t=\frac{I(+0)}{C\sqrt{\dfrac{1}{LC}}}\sin\sqrt{\dfrac{1}{LC}}\,t$$

$$=\frac{E}{R}\sqrt{\frac{L}{C}}\sin\sqrt{\frac{1}{LC}}\,t$$

したがって最大値v_mは

$$v_m=\frac{E}{R}\sqrt{\frac{L}{C}}$$

なお，〔例4〕の結果とvの方向が反対になっているのは，iの向きのとり方が逆，すなわちここでは放電，〔例4〕では充電の向きにとったためである．

7 進行波概説

7・1 定義と術語

分布定数回路　　いままで扱ってきた回路（集中定数回路）では電気の伝搬に要する時間や伝搬速度はまったく考えなかった．ところが数百km以上の送電線の電圧，電流を**分布定数回路**として扱う場合や，通信回路，電子計算機回路でdm波，cm波とか10^{-9}秒（ナノセコンド）を争うパルスの伝送を扱う場合には1mの電線長でも電圧，電流の空間的分布（同一時刻における線路上の位置による電圧，電流値の相違）が問題となる．

進行波　　**進行波**は前記した電圧，電流の空間的分布について考察する分野である．

(1) 進行波の定義

電線に沿うて電圧または電流の分布が進行するときは**進行波**といわれ，電圧の分布は**電圧進行波**または**電圧波**，電流の分布は**電流進行波**または**電流波**という．進行波の前面（図7・1参照）を**波頭**，その後面は**波尾**といわれている．

電圧進行波
電流進行波
波頭
波尾

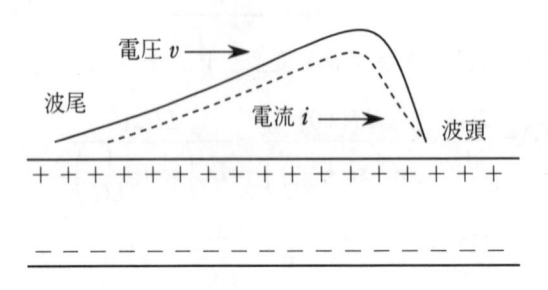

図7・1　進行波

純粋な進行波

(2) 純粋な進行波

電圧波と電流波との二者がつねに相伴なって発生し進行し消滅し，その一つが欠けることのない電圧波と電流波との一対は完全な進行波または**純粋な進行波**という．

(3) サージおよびインパルス

電源の通常の作用以外に，1次的原因によって線路に発生した電圧，電流の進行波は**サージ**（surge；動揺）といわれ，サージの波頭の急峻なものは**インパルス**（impulse；衝撃波）といわれる．

サージ
インパルス
入射波　　**入射波**におけるある1点の電圧v（瞬時値）と電流i（瞬時値）との比は，**サージインピーダンス**といわれ記号Zで示し，その逆数Yを**サージアドミタンス**という．
サージインピーダンス
反射波　　**反射波**における任意の一点の電圧v_rと電流i_rとの比はサージインピーダンスに（−）符号を付けたものに等しい．

—42—

7·2 進行波の速度

進行波の速度　回路に直流の電源を投入 (switch in) したときの電圧, 電流の**進行波の速度**そのほかについて考えてみよう.

回路の長さが有限なときは反射波の影響のため事情が複雑となるので, 入射波だけにして反射波のない場合を考えるため, 回路の長さが非常に大きな場合を考える.

また計算の便を考えて, 回路の抵抗および漏れ抵抗 (リーカンスという) を無視, **無損失回路**　すなわち**無損失回路**にて考えることにする (図7·2参照).

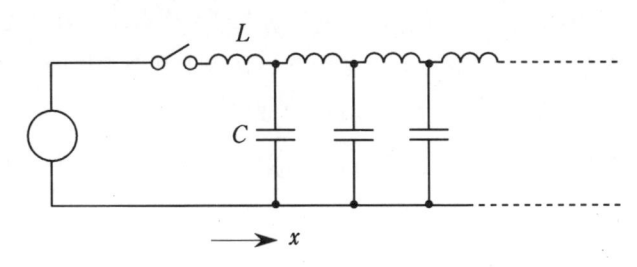

図7·2　無損失回路

スイッチに直接となり合った微小の長さ Δx においてスイッチを閉じる以前に電流は無く, したがって Δx と鎖交する磁束はない. スイッチを閉じた瞬間以後, わずかの時間 Δt に Δx に電流 i を生じ, したがって Δx と鎖交する磁束 ($L\Delta x \times i$) を生ずる. ただし L は単位長あたりの自己インダクタンスである.

この磁束の鎖交数の変化のため起電力 e_L を生ずるが, 正の向きを電流の変化を防げるような向きに選べば, e_L は印加電圧 v と等値である.

したがって, v はつぎのように示すことができる.

$$v = \frac{(L\Delta x)i}{\Delta t} = Li\left(\frac{\Delta x}{\Delta t}\right)$$

この式において ($\Delta x/\Delta t$) は進行波の速度 S である.

$$\therefore \quad v = Li \cdot S \tag{7·1}$$

また電流 i の発生に沿い他の重大な変化を生ずる. Δx が電圧 v に保持されれば, 二つの電線の間は v で充電される. すると充電された電荷 Δq は, 2線間の単位長あたりの静電容量を C とすれば

$$\Delta q = C\Delta x \cdot v$$

この電荷は電源によって Δt 時間に供給されたものであるから, 電流 i は

$$i = \frac{\Delta q}{\Delta t} = \frac{C\Delta x \cdot v}{\Delta t} = Cv\left(\frac{\Delta x}{\Delta t}\right)$$

$$= Cv \cdot S \tag{7·2}$$

そこで (7·1) 式 × (7·2) 式を作ると

$$vi = Li \cdot Cv \cdot S^2$$

$$\therefore \quad LC \cdot S^2 = 1$$

$$\therefore\ S = \frac{1}{\sqrt{LC}} \tag{7・3}$$

また(7・1)式/(7・2)式を作れば

$$\frac{v}{i} = \left(\frac{i}{v}\right)\frac{L}{C}$$

$$\therefore\ \left(\frac{v}{i}\right)^2 = \frac{L}{C}$$

$$\therefore\ \frac{v}{i} = \sqrt{\frac{L}{C}} \tag{7・4}$$

サージインピーダンス　この(v/i)は定義により**サージインピーダンス**Zである．

すなわち，線路に沿うて同時に磁束と誘電束を作らなければならないという要請が，スイッチを閉じた瞬間において線路の送端より受端に向って，電圧vと電流iを速度$1/\sqrt{LC}$をもって進行させるわけである．

この進行波の速度$1/\sqrt{LC}$は，普通の送電線では光速度，すなわち3 000 km/秒に近いものである．

7・3　線路上の電圧分布

架空送電線における伝搬速度Sは前記のように

$$S = (3 \sim 2.5) \times 10^5\ \text{〔km/秒〕}$$

進行波の波長　であるが，**進行波の波長**λは，交流の周波数を50 Hzとすれば，つぎのような値となる．

$$\lambda = \frac{S}{f} = \frac{(3 \sim 2.5) \times 10^5}{50}$$
$$\approx 5\,000 \sim 6\,000\ \text{〔km〕}$$

ところで，送電線のこう長を300～500 kmとすれば，波長λの1/14～1/20である．たとえば波長6 000 km，線路こう長300 kmとするとき，波長を360°で示せば，300 kmは，

$$360° \times \frac{300}{6000} = 18°$$

にすぎない．

したがって送電端の電圧がV_sであるとき，受電端の電圧V_rは（図7・3参照）
$$V_r = V_s \times \cos 18° = 0.951 V_s$$

すなわち300 km離れた受電端電圧は送電端電圧の95.1 %ということになる．その結果として，電源の電圧が，ほとんど瞬間的に閉路されたとき，**進行波の波形**は方形波として考えてよいことになる．

進行波の波形

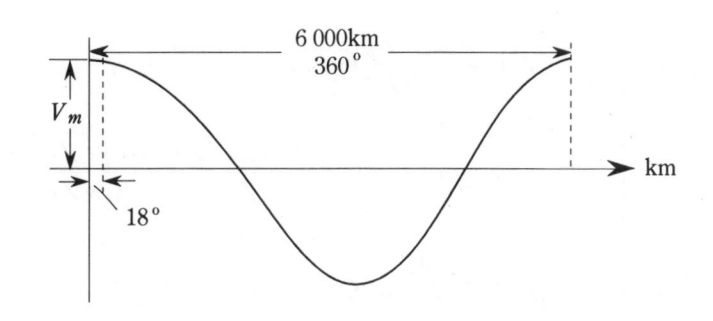

図 7·3 最大値 V_m で閉路した無限長線路

7·4 反射波, 透過波を求める基本式の誘導

進行波がサージインピーダンスの異なる二つの回路の接続点に来るときは, 必ず進行波の一部分は反射してもどる. その際の入来波, 反射波, 透過波三者の関係を表わす公式を求めてみよう.

いま, 図7·4を参照しながら記号をつぎのように定めておこう.

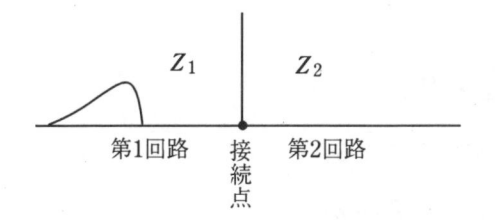

図 7·4 線路の接続と入来波

	電 圧	電 流	サージインピーダンス
入来波	e_1	i_1	Z_1
透過波	e_2	i_2	Z_2
反射波	e_r	i_r	

入来波
透過波
反射波

接続点

接続点における電圧, 電流は図7·4の第1回路について考えても第2回路について考えても同じであるから, まず電圧について等式を求めると

$$e_1 + e_r = e_2 \tag{1}$$

$$Z_1 i_1 - Z_1 i_r = Z_2 i_2 \tag{2}$$

電流については

$$i_1 + i_r = i_2 \tag{3}$$

$$\frac{e_1}{Z_1} - \frac{e_r}{Z_1} = \frac{e_2}{Z_2} \tag{4}$$

(1), (2)両式から

$$\frac{Z_2}{Z_1} e_1 - \frac{Z_2}{Z_1} e_r = e_2 = e_1 + e_r$$

$$\frac{Z_2}{Z_1} e_1 - e_1 = \frac{Z_2 - Z_1}{Z_1} e_1 = e_r + \frac{Z_2}{Z_1} e_r = \frac{Z_1 + Z_2}{Z_1} e_r$$

7 進行波概説

反射波（電圧）
$$\therefore e_r = \frac{Z_2 - Z_1}{Z_1 + Z_2} e_1$$

$$e_2 = e_1 + e_r = e_1 + \frac{Z_2 - Z_1}{Z_1 + Z_2} = \frac{Z_1 + Z_2 + Z_2 - Z_1}{Z_1 + Z_2} e_1$$

透過波（電圧）
$$\therefore e_2 = \frac{2Z_2}{Z_1 + Z_2} e_1$$

つぎに(2), (3)両式から

$$\frac{Z_1}{Z_2} i_1 - \frac{Z_1}{Z_2} i_r = i_2 = i_1 + i_r$$

$$\frac{Z_1}{Z_2} i_1 - i_1 = \frac{Z_1 - Z_2}{Z_2} i_1 = i_r + \frac{Z_1}{Z_2} i_r = \frac{Z_1 + Z_2}{Z_2} i_r$$

反射波（電流）
$$\therefore i_r = \frac{Z_1 - Z_2}{Z_1 + Z_2} i_1 = \frac{Z_2 - Z_1}{Z_1 + Z_2} (-i_1)$$

$$i_2 = i_1 + i_r = i_1 + \frac{Z_1 - Z_2}{Z_1 + Z_2} i_1$$

透過波（電流）
$$\therefore i_2 = \frac{2Z_1}{Z_1 + Z_2} i_1$$

まとめるとつぎのようになる．

反射波
$$\begin{cases} e_r = \dfrac{Z_2 - Z_1}{Z_1 + Z_2} e_1 & (7\cdot5) \\ i_r = -\dfrac{Z_2 - Z_1}{Z_1 + Z_2} i_1 & (7\cdot6) \end{cases}$$

透過波
$$\begin{cases} e_2 = \dfrac{2Z_2}{Z_1 + Z_2} e_1 & (7\cdot7) \\ i_2 = \dfrac{2Z_1}{Z_1 + Z_2} i_1 & (7\cdot8) \end{cases}$$

$(7\cdot5)(7\cdot6)$式において

$$\frac{Z_2 - Z_1}{Z_1 + Z_2} = m$$

反射係数　とおくとき，mを**反射係数**という．また$(7\cdot7)(7\cdot8)$式で

$$\frac{2Z_2}{Z_1 + Z_2} \quad \frac{2Z_1}{Z_1 + Z_2}$$

透過係数　を**透過係数**といっている．

反射係数mを用いるとe_r, i_r, e_2, i_2は

$$e_r = m e_1, \quad i_r = -m i_1$$
$$e_2 = (1+m) e_1 \quad i_2 = -(m-1) i_1$$

のように示すことができる．

7·5 特別な条件での反射波と透過波

(1) $Z_1 = Z_2$ の場合

反射作用 　これは**図7·4**で第1回路，第2回路の区別がない場合であって**反射作用は無い**のが当然であるが，試みに基本式に条件を代入してみよう．

$$e_r = \frac{Z_2 - Z_1}{Z_1 + Z_2} e_1 = \frac{Z_1 - Z_1}{2Z_1} e_1 = 0$$

$$i_r = -\frac{Z_2 - Z_1}{Z_1 + Z_2} i_r = 0$$

$$e_2 = \frac{2Z_2}{Z_1 + Z_2} e_1 = \frac{2Z_2}{2Z_2} e_1 = e_1$$

$$i_2 = \frac{2Z_2}{Z_1 + Z_2} i_1 = i_1$$

(2) $Z_2 = 0$ の場合

受電端短絡 　これは**受電端の短絡**の場合である．基本式に条件を入れてみよう．

$$e_r = \frac{-Z_1}{Z_1} e_1 = -e_1$$

$$i_r = -\frac{-Z_1}{Z_1} i_1 = i_1$$

$$e_2 = \frac{0}{Z_1} e_1 = 0$$

$$i_2 = \frac{2Z_1}{Z_1} i_1 = 2i_1$$

つまり $Z_2 = 0$ であるから，接続点においては電位差は0とならなければならないから，反対極性の反射波が現れ，その値は等しくなければならず，電流の方は入来波のものと，反射波によるもの（極性の反対のものが，さらに反対となるので，同極性）とが重なり2倍となって現れたわけである．

(3) $Z_2 = \infty$ の場合

受電端開放 　これは絶縁，すなわち**受電端開放**の場合である．

$$e_r = \frac{\infty}{\infty} e_1 = e_1 \qquad i_r = -\frac{\infty}{\infty} i_1 = -i_1$$

$$e_2 = \frac{2\infty}{\infty} e_1 = 2e_1 \qquad i_2 = \frac{2Z_1}{\infty} i_1 = 0$$

反射波 　この条件では電流は0とならなければならないから，$-i_1$ なる**反射波**が生じ，このためには e_1 なる反射波を要し，したがって接続点における電位差はこれらが重ねられ $2e_1$ となってすべての条件が満足される．

7・6　進行波の進行と線路上の分布

　進行波が衝撃波(impulse)である場合は問題はないが，$V_m \sin \omega t$のような場合で，しかも**無限長線路**の場合には，送電端でV_mである瞬時においても線路上のある点では**図7・3**のように$V=0$や，いろいろの値をとり得る．すなわち，ある時間だけ遅れて到達するからである．

　このような場合には，接続点においては以下に示すように入来波と反射波とを重ね合せただけの値をとり得る．特別な場合として前の(2)や(3)の場合にも入来波と反射波とが重なり合って，その瞬時の値の2倍の値をとり得たのである．

　線路上の1点の電圧や電流の時間に対する変化は$V_m \sin \omega t$である．したがって(2)や(3)の場合には最大値$2V_m$をとり得ることになる．

7・7　$Z_1 \neq Z_2$の場合の入来波と透過波

　$Z_1 > Z$の場合は，たとえば進行波が架空線より地下ケーブルに入る場合に相当する．一般に架空線の**サージインピーダンス**は$Z_1 \simeq 400\ \Omega$，**地下ケーブル**のサージインピーダンスは$Z_2 \simeq 40\ \Omega$くらいであるから

$$e_2 = \frac{2Z_2}{Z_1 + Z_2}e_1 = \frac{2 \times 40}{400 + 40}e_1 \simeq 0.18e_1$$

となる．

　また逆に地下ケーブルから架空線に進入する場合は，$Z_1 < Z_2$の場合で

$$e_1 = \frac{2 \times 400}{40 + 400} \simeq 1.8e_1$$

となり，$e_1 < e_2$すなわち**透過波の波高**は入来波の波高よりも大きくなる．これが，地下ケーブルと架空線の接続点に**避雷器**を設置する一つの理由である．

　また，変圧器巻線のサージインピーダンスは$Z_2 \simeq 4\,000\ \Omega$内外といわれているから

$$e_2 = \frac{2 \times 4000}{400 + 4000} \simeq 1.8e_1$$

となり，変圧器巻線開放端においては前(3)の場合に相当するから

$$2e_2 \simeq 3.6e_1$$

となる．

　前の場合は前述したように避雷器設置の一つの理由であり，後の場合は，**送電系統を開放のままで閉じることの危険な理由**と，変圧器の絶縁方式として**段絶縁**を施す理由である．

7·7 $Z_1 \neq Z_2$ の場合の入来波と透過波

〔例7〕 波動インピーダンス各 Z〔Ω〕の送電線3本の1端を図7·5のように一括し，他方から波高値 E〔V〕の衝撃波を加える．つぎの各場合につきOに生ずる電圧の波高値を計算せよ．ただし，送電線は半無限長のものとする．

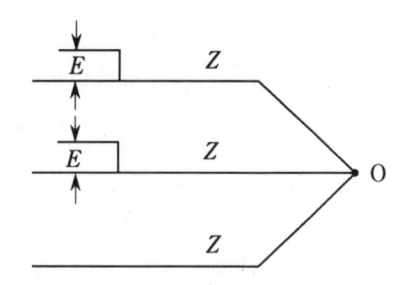

図7·5

(1) 1線のみに衝撃波を加えた場合
(2) 2線に同時に衝撃波を加えた場合
(3) 3線に同時に衝撃波を加えた場合

波動インピーダンス

〔解答〕 **波動インピーダンス**はサージインピーダンスの別称である．なお通信工学の方面では特性インピーダンスといっている．

まず，接続点Oでの記号をつぎのように定めておく．

入来波	電圧波高値 E_1	電流波高値 I_1
透過波	電圧波高値 E_2	電流波高値 I_2
反射波	電圧波高値 E_r	電流波高値 I_r

図7·5の左端での反射，各線相互の間の影響を考えないこととする．

(1) O点でつぎの関係が成立する．

$$E_1 + E_r = E_2$$
$$I_1 + I_r = 2I_2$$
$$\frac{E_1}{Z} - \frac{E_r}{Z} = 2\frac{E_2}{Z}$$

これより

$$E_2 = \frac{2}{3}E_1$$

(2) $E_1 + E_r = E_2$

$$\frac{E_1}{Z/2} - \frac{E_r}{Z/2} = \frac{E_2}{Z}$$

$$\therefore \quad E_2 = \frac{4}{3}E_1$$

(3) (1)と(2)とが重ね合されたと考え

$$E_2 = \frac{2}{3}E_1 + \frac{4}{3}E_1 = 2E_1$$

問題の答

〔問1〕〔問2〕〔問5〕〔問6〕本文参照.

〔問3〕

〔略解〕 成立する微分方程式は，電荷をq，コンデンサの容量をC，その電圧をv_cとすれば

$$RC\frac{dv_c}{dt}+v_c=0 \quad \text{あるいは} \quad \frac{dv_c}{dt}+\frac{1}{RC}v_c=0$$

この解は，初期条件を考慮して

$$v_c=E_0\varepsilon^{-\frac{1}{RC}t}$$

t秒放電したところ$v_c=E_1$になったわけであるから

$$E_1=E_0\varepsilon^{-\frac{1}{RC}t}$$

$$\therefore \quad \frac{1}{RC}t=\log_\varepsilon\frac{E_1}{E_0}$$

これからCを算出すると

$$C=\frac{t}{R\log_\varepsilon(E_0/E_1)}=\frac{0.4343t}{R\log_{10}(E_0/E_1)}$$

〔問4〕 放電開始後，任意の瞬時tの電圧をvとし，そのときの電荷を$q=Cv$，等価抵抗の電流をiとすれば

$$v+ri=v+r\frac{dq}{dt}=v+rC\frac{dv}{dt}=0$$

これより

$$\frac{1}{v}dv=-\frac{1}{rC}dt$$

この両辺と電圧とこれに対応する時間について積分すると

$$\int\frac{1}{v}dv=-\frac{1}{rC}\int dt$$

$$\log_\varepsilon v=-\frac{1}{rC}t+K$$

$$\therefore \quad v=K\varepsilon^{-\frac{1}{rC}t}=K\varepsilon^{-\frac{\sigma}{\varepsilon}t}$$

$t=0$で$v=V_0$を入れると $K=E_0$

$$v=V_0\varepsilon^{-\frac{\sigma}{\varepsilon}t}$$

$v=E$になるまでの時間をTとすると

$$E=E_0\varepsilon^{-\frac{\sigma}{\varepsilon}t}$$

$$\therefore \quad T=\frac{\varepsilon}{\sigma}\log_\varepsilon\frac{E_0}{E}=2.3\frac{\varepsilon}{\sigma}\log_{10}\frac{E_0}{E}$$

索 引

英字

R-L 直列回路	39
RLC 直列回路	23
2 階線形微分方程式	21, 29
2 階微分方程式	18

ア行

1 階線形微分方程式	6
一般解	11, 24, 25, 26, 29, 33, 35, 36
インパルス	42
演算子	37

カ行

過渡現象	1, 3
過渡項	34
過渡電流	6, 31, 34, 40
逆変換	39
虚根	22
キルヒホッフの法則	9
減衰波形	23
固有周波数	36

サ行

サージ	42
サージインピーダンス	42, 44, 48
指数関数	37
指数関数と三角関数	23
実積分定理	38
実微分定理	38
自由振動	26
自由振動の周波数	24, 27
充電電流	26
受電端短絡	47
受電端開放	47
純粋な進行波	42
消費されるエネルギー	10

衝撃電圧	28
衝撃電圧発生器	27
初期条件	5, 10, 12
初期値	38, 40, 41
進行波	42
進行波の速度	43
進行波の波形	44
進行波の波長	44
正弦	37
正弦波交流	20
静電エネルギー	10
積分回路	13
積分波形	14
接続点	45
相異なる実根	22

タ行

蓄えられるエネルギー	4
単位ステップ関数	37
段絶縁	48
地下ケーブル	48
定常状態	3
定常電流	5
電圧進行波	42
電気振動	19
電流進行波	42
等根	22
透過係数	46
透過波	45
透過波の波高	48
時定数	3, 10
特別解	29, 30, 31, 32, 33, 34, 35

ナ行

入射波	42
入来波	45

ハ行

波頭 42
波動インピーダンス 49
波尾 42
反射係数 46
反射作用 47
反射波 42, 45, 47
火花間隙 27
微分演算子 38
微分回路 13
微分回路の出力電圧 13
微分波形 14
避雷器 48
分布定数回路 42
放散されるエネルギー 5
放電電圧 27
方形波入力 13
補助方程式 21, 22, 26, 31, 34

マ行

無限長線路 48
無損失回路 43

ヤ行

余関数 29, 34, 35

ラ行

ラプラス逆変換 37
ラプラス変換 37, 41
ラプラス変換表 39

d – book
過渡現象

2000年7月13日　第1版第1刷発行

著　者　　森澤一榮
発行者　　田中久米四郎
発行所　　株式会社　電気書院
　　　　　(〒151-0063)
　　　　　東京都渋谷区富ケ谷二丁目2-17
　　　　　電話　03-3481-5101（代表）
　　　　　FAX　03-3481-5414
制　作　　久美株式会社
　　　　　(〒604-8214)
　　　　　京都市中京区新町通り錦小路上ル
　　　　　電話　075-251-7121（代表）
　　　　　FAX　075-251-7133

印刷所　創栄印刷株式会社
ⓒ2000kazueMorisawa　　　　　　　　　Printed in Japan
ISBN4-485-42910-5　　　　［乱丁・落丁本はお取り替えいたします］

〈日本複写権センター非委託出版物〉

　本書の無断複写は，著作権法上での例外を除き，禁じられています．
　本書は，日本複写権センターへ複写権の委託をしておりません．
　本書を複写される場合は，すでに日本複写権センターと包括契約をされている方も，電気書院京都支社（075-221-7881）複写係へご連絡いただき，当社の許諾を得て下さい．